世界でいちばん素敵な

ワインの教室

The World's Most Wonderful Classroom of Wine

　この絵は、17世紀ころにフランス古典主義の画家ル・ナン3兄弟によって描かれた、とある農民の食卓の様子です。薄暗い部屋の中、服は汚れ、顔に笑顔はなく、背中を丸めてワインを飲む農民の家族が描かれ、裕福ではない一般の農民にもワイン文化が根付いていることがわかります。

　私はこの絵を見て、「ワインのいちばんの魅力は多様性で、その根拠は市民性にある」と衝撃を受けたことを覚えています。ワインが、ただお金をかけて最高のものを造るだけのものであれば、おそらく味わいは一様のものになるはずです。

　しかし、ワインは市民性が根底にあるからこそ、その土地の風土を反映し、これが多様性をもたらしているのです。一方で、王侯・貴族や政治家、資産家が愛したからこそ、現在のクラシックワインの理想美が完成したこともワインのおもしろさです。

　あなたがお飲みになる一杯のワインは、王侯・貴族から一般市民まで幅広く愛された歴史と、文化の結果として存在しているのです。

前場　亮

はじめに

ル・ナン３兄弟「農民の食事」

Contents
目次

Q

そもそも
ワインってなに?

A
ブドウ果汁
"そのまんま"が
お酒になったものです。

ワインは古くから人々の生活に
溶け込んでいる、日本でも人気
のお酒です。

ワインは大地の恵みそのもの、もっとも農作物に近いお酒です。

ワインは、ブドウ果汁"そのまんま"と言ってもいいお酒。
果汁に含まれる糖分を酵母の力でアルコール発酵させて造る醸造酒の仲間です。
ブドウ果汁は、発酵に必要な糖分・水分・酵母をすべて含んでいます。
ビールや日本酒と違い、醸造時に水を加える必要もないため、
その仕上がりは果実本来の味わいや品質と直結しています。
数あるお酒の中でもっとも農産物に近い、大地の恵みそのものと言えるのです。

① 「ワイン」の語源はなに？

A 「ブドウから造ったお酒」を意味するラテン語からきました。

ワインは英語で「Wine」と書きます。フランス語では「ヴァン (Vin)」、イタリア語とスペイン語では「ヴィーノ (Vino)」、ポルトガル語では"ヴィーニョ (Vihno)"と言います。すべて、ラテン語の「ヴィヌム (vinum)」から派生したもので、「ブドウから造ったお酒」という意味です。

② 赤ワインと白ワインはどう違うの？

A 使うブドウと造り方が違います。

赤ワインは黒ブドウを使い、果皮や種子も一緒に発酵させるので、その色素が引き出されて赤くなります。一方、白ワインは果皮や種子を取り除くため果皮の色素が出ず、多くは白ブドウから造られます。味わいの大きな違いとして、赤ワインには果皮や種子からタンニンが引き出されるため、渋みがあります。

ワイン用のブドウは、ふだん食べているブドウよりも甘め。でも、皮が厚く、渋みや酸味も強いので、食べるのには向いていません。

オールドワールドやニューワールドって？

A 国際市場における伝統的な産地と新興産地の違いです。

「オールドワールド」の産地にはフランスやイタリアなどのヨーロッパ、「ニューワールド」の産地にはカリフォルニアやチリなどがあります。1980年代以降の現代的なワイン文化が成立する前から国際市場でおなじみの、伝統的な産地が「オールド（旧世界）」、それ以降に台頭した新興産地が「ニュー（新世界）」に分類されています。

産地で分類

── オールドワールド ──	── ニューワールド ──
ヨーロッパ	**その他の地域**
イタリア　フランス スペイン　ポルトガル ドイツ など	アメリカ　チリ オーストラリア　中国 インド など

ワインの種類について教えて！

A 「スティルワイン」など、4つの種類に分類できます。

赤、白、ロゼのいわゆる一般的なワインを「スティルワイン」と言います。ほかに、発泡性の「スパークリングワイン」、ブランデーなどを添加してアルコール度数を高めた「酒精強化（フォーティファイド）ワイン」、薬草や果実、甘味を添加した「フレーバードワイン」があります。

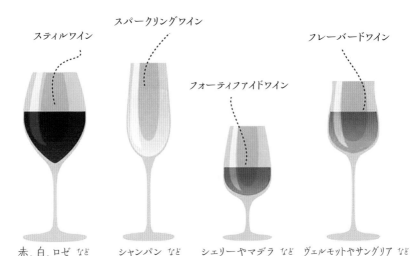

スティルワイン　スパークリングワイン　フォーティファイドワイン　フレーバードワイン

赤、白、ロゼ など　　シャンパン など　　シェリーやマデラ など　　ヴェルモットやサングリア など

Q

ワインは
どうやって
造られているの?

昔のワイン造りは足でブドウを踏んで
搾汁していました。

A
糖分をアルコールに分解する
「単発酵」で造られています。

果皮の扱い方で、赤・白・ロゼと、ワインの色が変わります。

ワインは、果汁に含まれる糖分を酵母が直接アルコールに分解する「単発酵」で造られます。

赤ワインは、黒ブドウを破砕して種子と果皮を発酵させて、色素をとり出します。

伝統的な製法では、ブドウを足で踏んで破砕していました。

白ワインは、ブドウから搾り出した果汁だけを発酵させます。

ロゼワインは、種子と果皮ごと発酵させてほんのり色をつけ、

途中で果汁だけを抜きとりさらに発酵させて造ります。

① なぜ足で踏んでいたの？

A 神様に怒られるからです

この造り方を守らないと、「ワインの神様が怒り、すべてのワインを腐らせてしまう」と信じられていました。

② ワインがキリストの血に例えられるのはなぜ？

A 「ワインは我が血」という言葉をキリストが残したからです。

『新約聖書』に描かれる「最後の晩餐」で、イエス・キリストは「パンは我が肉、ワインは我が血」という言葉を残しました。ここからワインはキリスト教において重要な存在になりました。キリスト教の布教とともにミサ用のワインが求められ、修道士、修道院によってワインはヨーロッパ中に広まりました。

イエスが弟子たちとともにパンとブドウ酒を食した最後の晩餐のことを「聖餐」と呼びます。教会がこれを再現した典礼的会食を「聖餐式」「感謝の祭儀」と呼びます。

ワインの神様「ディオニソス」はローマ神話
では「バックス・バッコス」と呼ばれていて、
彼を称える酒宴の踊りがあります。

Q③ ワインの神様っているの？

A ギリシア神話には「ディオニソス」がいます。

ギリシア神話の酒神「ディオニソス」は、ブドウの樹を発見し、人々にブドウ栽培とお酒の造り方を教えたとされています。古代ギリシアでは、ワインは庶民の間に広く普及していて、ブドウを収穫したときや新酒ができたときなど、年に5回もディオニソスを称える祭礼を行い、聖なる酒をたらふく飲んだり踊ったりしていました。

Q④ ワインについての 最も古い記述は？

『ギルガメッシュ叙事詩』は、古代メソポタミアで、楔形文字で書かれた文学作品です。

A 『ギルガメッシュ叙事詩』にあります。

ワインが語られる、現存する最古の文献は『ギルガメッシュ叙事詩』です。これによれば、紀元前2600年ごろに実在したとされる古代バビロニアの王・ギルガメッシュが、大洪水に備えて船を造らせた際、船大工たちにワインを振る舞ったとされています。

Q

ワインは
どこでも造れるの？

ハンガリーのブドウ畑には、地中海の温暖
な空気が入り込むため、酸味が柔らかく、爽
やかなワインができます。ワイン製造におい
て土壌と地形、天候はとても重要です。同じ
ブドウ品種でも天候や土壌が違うだけで異
なった風味になります。

A
緯度による
ブドウの栽培限界があります。

ブドウも農産物なので、栽培できるところとできないところの境目があり、それを「栽培限界」と呼びます。例えば暑い地域では、ブドウが日照量に耐えられなかったり、仮に耐えられても糖度と酸度のバランスが悪くなったりなどの不都合が生じます。寒い地域の栽培限界では、ブドウは糖度が上がりづらく、少しの天候不順で収穫ができないなどのリスクがあります。

世界の主な産地は、ワインベルトに集中しています。

ブドウは農作物なので、栽培できるところは限られます。
世界の主なワイン産地は北半球も南半球も緯度が30度から50度に集中しています。
この間を「ワインベルト」と呼び、はみ出るとワイン造りは難しくなります。
境目となる栽培限界近くでは、普通の作物であればいろんな品種を植えて不作に備えます。
しかし、ワインの場合は、伝統的な品種にこだわるなど、
天候のリスクを承知の上で品質を追求する姿勢が、逆に魅力となっています。

ワイン造りに向く気候風土って？

A 気温、日照量、降水量、土壌で決まります。

ワインに向く気候は年間平均気温が10〜16℃、ブドウ生育期間中の日照量が1300〜1500時間、年間降水量が500〜900mm。これをはみ出るとブドウが熟しにくかったり熟しすぎたりします。土壌は水はけの良いやせた土が適しています。やせた土だと根ががんばって土中深くに張り、ミネラルたっぷりの水を吸い上げるのです。

ポートワインの産地としても知られるポルトガルの
ドウロ渓谷は世界遺産にも認定されています。

② ワインって地域によって味が違うの?

A 土地固有の「テロワール」に味が左右されます。

ワインは、ブドウの個性がそのまま出るものです。ブドウの個性は地域によってさまざま。当然ワインの味も色とりどりです。ブドウの個性を左右する土地固有の自然環境を「テロワール」と言い、例えば、寒い地域では酸味が強くシャープな味になり、暖かい地域ではまろやかな味になるなど、ワインの味わいを決定づけます。

③ 高価なワインはなぜ高いの?

A 人の手が多くかかり生産量が少ないからです。

良いブドウが穫れる畑は太陽に向かい水はけが良い斜面。ブルゴーニュなど伝統的な銘醸地が斜面に多いのはそのためです。こうした場所では機械化が難しく、今でも栽培に人の手が多くかかっています。さらに高価なワインはブドウの収穫量を少なくして、ひと粒ずつの凝縮感を高めています。

伝統的な銘醸地のひとつ、アルザス（フランス北東部）のブドウ畑はヴォージュ山脈の東側、南北100kmにわたる帯状の斜面に広がっています。

④ では、安価なワインが安い理由は?

A 機械化により 大量生産できるからです。

ブドウ栽培の機械化は平地の方が有利。平地でも暑く乾燥した地域はブドウ栽培に適しているので、機械の導入で安価なワインがたくさん造られるようになりました。プロヴァンスなど、南仏の平野部にある産地はその典型です。安くても味が劣るわけではないので、無名でも美味しいワインを見つけるのは宝探しのように楽しいものです。

安価な普段飲みワインとして有名なプロヴァンスのブドウ畑。

Q

いろんな形の
ワイングラスが
あるのはなぜ?

A
ワインの個性に
合わせているからです。

ワイングラスは、縁を「リム」、ワ
インを注ぎ入れる丸い部分を「ボウ
ル」、ボウルを支える脚を「ステム」、
底の部分を「プレート」と呼びます。

細い飲み口は酸味を爽やかに、
広い飲み口は渋みを柔らかく。

ワインの個性はグラスの選び方でより引き立ちます。
例えば、ブルゴーニュ型の細い飲み口は、ワインが細く舌に流れ、
酸っぱさを感じる舌の側面に直接当たらないので、酸味の強いワインも爽やかに楽しめます。
ボルドー型の広い飲み口はワインが空気に触れやすく渋みが柔らかくなり、
フルート型のグラスはシャンパンの泡がきれいに立ち上がります。
香りを溜める丸いボウル部が大ぶりなものは、香り高い高級ワインに向いています。

① ワイングラスの形についてもっと教えて！

A ボルドーグラスとブルゴーニュグラスが基本です。

背が高く、飲み口が広いボルドーグラスと、中央が膨らんでいて飲み口が狭まっているブルゴーニュグラスが基本です。この2つから派生して、小ぶりのボルドーグラスは万能グラスとしてさまざまなワインに合い、縁が広がったブルゴーニュグラスであれば高級なワインの香りを広げてくれます。シャンパーニュを味わうときは、きれいな泡が立つシャンパーニュフルートがオススメですが、ボウルが広がったシャンパーニュクープというグラスもあります。

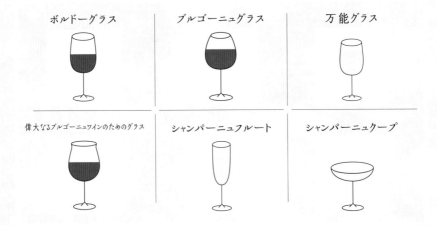

ボルドーグラス	ブルゴーニュグラス	万能グラス
偉大なるブルゴーニュワインのためのグラス	シャンパーニュフルート	シャンパーニュクープ

② ワインボトルの形ってどうやって決まったの？

A 流通しやすさや強度が大きな理由でした。

ガラス瓶のボトルは、20世紀の前半に、流通させやすく口の部分を頑丈にするために今のような形になりました。さらにボルドータイプは横に寝かせて長期保存しやすいよう、また、注ぐときに澱（おり）が溜まるよう「怒り肩」に、ブルゴーニュタイプは、テーブルに立てたとき、優雅に見えるよう「なで肩」になりました。

③ なぜコルクで栓をするの?

A 密閉力が高く熟成に向いているからです。

コルクは柔軟で弾力性と復元力に富み、圧縮してボトルに打ち込むとすぐ復元してボトルに密着します。さらに、水に強くて腐りにくく、ほんのわずかな空気のほかはガスをほとんど通さず、ワインの熟成に理想的なのです。

コルクはポルトガルが一大生産国として知られています。コルク樫の樹皮を剥がしてくり抜いて作られています。

④ ワインを横に寝かせて保存するのはなぜ?

A コルクの乾燥を防ぐためです。

ワインを横に寝かせて保存するのは、コルクをワインに触れさせて乾燥を防ぐためです。コルクが乾燥すると隙間ができてワインの酸化が進んでしまう恐れがあるのです。でも、これはスティルワインの場合で、スパークリングワインの場合は長時間ワインが触れると逆にコルクが細くなるので、立てて保存します。

ワインの保存にとって最適な環境の条件には、「温度が一定で涼しいこと」「光がないこと」「高湿度であること」「振動がないこと」「においの強いものが周囲にないこと」が挙げられます。

Q

ワインの
フルボディってなに？

ポルトガルのワイナリー「テイラーズ」では、
ワインセラーの見学やワインの試飲ができま
す。ワインは、樽で熟成させると、木の成分
がワインに移り、独特のコクや香りが生まれ、
しっかりした味わいになると言われています。

A
濃厚でコクがあることを表します。

どっしりとした味わいの
飲みごたえのあるワインです。

「ボディ」とは、ワインのコクやボリューム感を指す言葉です。

「フルボディ」と言えば、この上なく濃厚なワインであることを表します。

ワインの成分は、大きく「水分」と「水分でないもの」に分かれます。

「水分でないもの」とは、アルコール、タンニン、酸、糖分、エキス分などであり、

これらが多く入っていると、どっしりとしたフルボディになり、

飲みごたえのあるワインになるのです。

① 「甘口」や「辛口」ってなに？

A 甘みを感じるかどうかのことです。

辛口といっても、本当に「辛い」わけではありません。飲んで甘みを感じることを甘口、感じないことを辛口と言います。発酵後にアルコールになり切らず残った糖分が多いと甘口になり、少ないと辛口になります。糖分を残さずに発酵させるのは技術的に難しいことだったので、大昔のワインは甘口だけでした。辛口が登場したのは醸造技術が進んでからのことです。

② では、「渋み」ってなに？

A タンニンがもとになっています。

ワインの渋みのもとはブドウの種子や皮に含まれるタンニンです。赤ワインの味わいに厚みや複雑さを与え、さらに熟成するとマイルドさを引き出します。長期熟成タイプの赤ワインには特に大事な要素です。

タンニンには動物性の脂分を洗い流す作用があり、そのため肉料理には赤ワインがよく合うと言われています。

ワインは「熱」「光」「振動」「温度」「湿度」の変化にさらされると、味自体が大きく変わってしまいます。そのため、ワインボトルを保存するときは暗闇の安定した気温下に置くことで、品質を保つことができます。

③ ワインのアルコール度数はどれくらい?

A ビールより高く、日本酒よりちょっと低いくらいです。

ワインのアルコール度数は11～14度くらいで、ビール（4～5.5度）より高く、日本酒（15～16度）よりちょっと低いくらいです。アルコールは、ワインの味わいに「骨格」「ボリューム感」「余韻」などを与えるもので、度数が高いほど骨格が強くなり、ボディに厚みが出ます。

④ 爽やかなワインはほかとなにが違うの?

A ワインに含まれる「酸」が味わいを爽やかにします。

リンゴ酸、酒石酸、クエン酸など、元々ブドウに含まれる酸は、ワインの味わいに爽やかな酸味を与えます。また、コハク酸や乳酸など、発酵によってできた酸はまろやかな酸味を与えます。ワインの酸味は寒い地方で造られるほど強くなる傾向があり、産地の場所や標高の影響が出やすく、特に白ワインの個性を左右します。

⑤ スパークリングワインの泡には どんな効果があるの?

A 食欲を増進させる作用があります。

スパークリングワインのきめ細かな泡は、口の中を心地よく刺激して食欲をそそり、さらに胃を刺激して活性化し、食欲を増す作用があります。また、ほどよいアルコールも胃の粘膜を刺激して胃液の分泌を促し、食欲を高めてくれます。シャンパンが食前酒として良く飲まれるのは、このためです。

Q

マリアージュってなに？

A
料理とワインの
お互いを引き立て合う
組み合わせのことです。

よく「魚には白、肉には赤」と言いますが、
好みは人それぞれなので正解はありませ
ん。ですが、「共通点を見つける」ことで、
より料理とワインの相性を楽しむことが
できます。

料理との組み合わせはもちろん、飲む順番にもこだわりたい。

マリアージュとはフランス語で「結婚」のこと。
料理とお酒を合わせることでお互いがより美味しく感じられる組み合わせを言います。
赤身の肉には赤ワイン、爽やかな食材には酸味のあるワイン、
軽めの料理には軽めのワインなど、
料理の色や味わい、重さ・軽さなどをヒントに組み合わせてみましょう。

有名なマリアージュを教えて！

A 生牡蠣と『シャブリ』は有名です。

まだ、生鮮食品の流通手段が発達していなかった時代のパリでのこと。海から遠い内陸都市でも、生牡蠣がどうしても食べたかったグルメなパリジャンたちは、当時の辛口白ワインの代表であるシャブリを合わせ、臭みを消して楽しんでいました。こうして生まれたマリアージュが「生牡蠣とシャブリ」なのです。

現代では、シャブリ以外でも牡蠣とお酒の組み合わせは多く語られています。自分にあった組み合わせを見つけることもマリアージュの楽しみ方です。

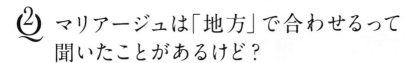

② マリアージュは「地方」で合わせるって 聞いたことがあるけど？

A　産地の食材や郷土料理と合わせるのは定石です。

ワインは生産される地方の家庭料理に合わせやすく造られているもの。なぜならワインは元来、一般市民の生活に溶け込んで発展してきたお酒だからです。そのため産地の食材や郷土料理と合わせるのはマリアージュの定石の１つです。もっとも、近ごろはそこまでこだわらなくても美味しくいただけるよう造られています。

③ ワインを飲むときの順番ってあるの？

A　基本は「軽いワインから重いワインへ」です。

「軽いものから重いものへ」「渋みの少ないものから多いものへ」「年代の新しいものから古いものへ」などの順番が良いと言われていますが、現在の食文化は複雑になってきているので、必ずしも当てはまるとは限りません。

④ 日本料理に合うワインを教えて！

A　重すぎない赤ワインや口当たり柔らかな白ワインがおすすめ。

日本料理そのものは洋食と比べて全般的に味付けが淡白です。重すぎない赤ワインや口当たりが柔らかな白ワインが合わせやすくておすすめです。

日本の食卓は洋食・和食・中華などが一度に並ぶことが多いのも特徴。個別の料理と合わせるよりも食卓全体で考えたほうがベターです。

Q
ワインはなんで
フランスが有名なの?

A
イギリス人のおかげです。

フランスワインには、キリスト教の
修道士の手で育まれ品質が高めら
れてきた歴史があります。フランス
の修道院と言えば、世界遺産モン・
サン＝ミッシェルが有名です。

覇権を築くイギリスにとって、重要なワイン産地でした。

フランスにワインを伝えたのは古代ローマ人で、
その普及に大いに貢献したのがジュリアス・シーザーです。
12世紀に、ボルドーがイギリスの領地になると、そのワインの美味しさがロンドンで広まり、
以後、「パックス・ブリタニカ」と言われる覇権を築いていくイギリスにとって、
フランスはもっとも重要なワイン産地となりました。
これが世界中に知れ渡り、フランスのワインは有名になったのです。

① ワインに法律があるってホント?

A フランスには AOC法という ワインの法律があります。

フランスでは産地ごとのルールを決めたAOC法（原産地統制呼称法）が定められています。ラベルに産地を正式に表記するためには、ブドウの「原産地」「品種」「栽培方法」「醸造方法」などについて規定された基準をクリアしなければなりません。1935年に定められ、フランスの一大産業であるワインの品質やブランド力を守ってきました。

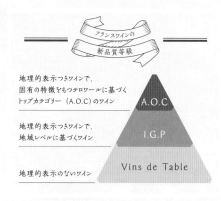

フランスワインの
新品質等級

地理的表示つきワインで、
固有の特徴をもつテロワールに基づく
トップカテゴリー（A.O.C）のワイン — A.O.C

地理的表示つきワインで、
地域レベルに基づくワイン — I.G.P

地理的表示のないワイン — Vins de Table

② フランスのワイン産業についてもっと教えて!

A フランスは世界のワイン産業のお手本です。

フランスはすべてのワインのお手本とされています。フランスワインの長い歴史は高い品質を育み、その個性と品質を守るため国を挙げて法律を整備してきました。その成果から世界のワイン産業の規範になっているのです。

気候と土壌が多彩な各地で生産されるフランスワインは、多様性に富み、一般市民から王侯・貴族にまで愛されてきました。

フランスにはセーヌ川、ロワール川、ジロンド川、ローヌ川などの大河が流れ、その流域にはワインの銘醸地が広がっています。

③ フランスの有名な産地を教えて！

A ボルドーやブルゴーニュなどが有名です。

貴族の手によって発展を遂げてきたボルドー、修道院や小規模な造り手によって受け継がれてきたブルゴーニュ、スパークリングワインで知られるシャンパーニュ、古城立ち並ぶロワール川沿岸、カジュアルワインの産地・南フランスなどが有名です。北限エリアの一部を除き、フランスではほぼ全域でワインが造られています。

④ ブドウの壊滅事件があったって本当？

A フィロキセラが大発生してブドウの樹を枯らしました。

19世紀にフィロキセラというブドウの根に寄生するアブラムシの一種が大発生しました。南仏で発生したのち、ヨーロッパ中に広がり、フランスだけでも多くのブドウの樹が被害に遭いました。いろいろな対策が講じられ、フィロキセラに耐性のあるアメリカ原産の株に接木する方法で、被害は食い止められました。

COLUMN 「テロワール」ってなに？

気象条件（日照・気温・降水量）や土壌（地質・水はけ）、地形、標高など、ブドウを栽培する上での自然環境のことをさします。さまざまな環境下で造られるワインの個性を表す1つの指標となっています。
- 地形：ブドウは標高、緯度、方位、太陽が当たる角度などで、味わいが変化します。
- 気候：暖かい気候では糖度が高く、アルコール度数の高いワインになり、寒い気候では糖度が低く、酸味の効いたブドウがでてきます。
- 土壌：「水はけが良く」「痩せた土地」が最適とされています。また、ブドウの生育には、ミネラル分に富んだ土地が望ましいとされています。

Q
なんで
ボルドーワインは
有名なの?

ワイン産地でも有名なボルドーには、ブルス広場があります。「ガロンヌ川に対して開かれた都市にしたい」、「右岸からやってくる人を歓迎するような建物を造りたい」と造られた広場です。

A
イギリスとの交易を足がかりに
世界的名声を得たからです。

ボルドーが有名になったのは、
輸出に有利な港都だったから。

1152年、当時ボルドーを治めていたアキテーヌ公の娘エレノアが、
イングランド朝を築いたヘンリー2世に嫁ぎ、
共に渡ったボルドーワインはイギリスで人気を博しました。
ボルドーはブドウ栽培に最適な自然環境をもち、もともと品質の高さで定評がありました。
イギリスとの交易上重要な港都であったため、街に接して大河が流れワイン輸送に有利でした。
イギリスとの交易で大いに栄え、世界へとビジネスを拡大させたのです。

① 「ボルドー」ってどんな意味？

A 昔の言葉で「水のほとり」という意味です。

ボルドーは街中を流れる大きな川がワイン輸送の要となったため、銘醸地はそのほとりに並んでいます。ガロンヌ川の左岸には「グラーヴ」「バルサック」「ソーテルヌ」、ドルドーニュ川の右岸には「サン・テミリオン」「ポムロール」、2つの川が注ぐジロンド川の左岸には「メドック」などの主だった地区があります。

② ボルドーワインの階級を教えて！

A 有名な「メドック格付け」があります。

ボルドーでは地区ごとにシャトー（メドック地区で格付けされているワイン農園の名前）の格付けが行われています。そこでいちばん有名なのが「メドック格付け」。1855年のパリ万博でナポレオン3世が決めさせたもので、今もほぼ同じです。5等級のうち1級は「ラフィット・ロートシルト」などの5シャトーのみ。1973年に「ムートン・ロートシルト」が2級から1級へ昇格したのは大きな事件でした。

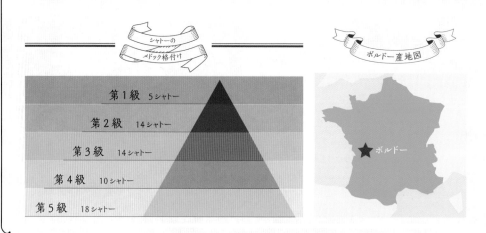

Q3 ボルドーを代表するブドウの品種は?

A カベルネ・ソーヴィニヨンです。

カベルネ・ソーヴィニヨンはボルドーを代表するブドウ品種の1つ。ほかにカベルネ・フランとメルローの3品種を主体にブレンドして造られる赤ワインがボルドーでは有名です。力強くエレガントな味わいが特徴で、長期熟成タイプが多く、いわゆる「寝かせて」飲むワインの代表格です。

Q4 ほかにはどんなタイプのワインがあるの?

A メルローの「赤」「辛口白」「甘口白」などさまざまです。

サン・テミリオン地区やポムロール地区はメルロー主体のワインが多くなっています。グラーヴ地区はカベルネソヴィニョン種主体の赤ワインと、セミヨン種とソーヴィニョンブラン種主体の辛口白ワインを生産しています。

ボルドーから約20kmに位置する「マルゴー」「サンジュリアン」「ポイヤック」「サンテステフ」には、世界で最も高いワインを生産するブドウ園や、世界的に有名なブドウ園があります。

COLUMN 「シャトー」ってなに?

　ボルドー地方メドック地区では、「ブドウ畑を所有し、ブドウの栽培から瓶詰めまでのワイン製造を行う生産者」のことを「シャトー」と呼びます。
　「シャトー」は1級から5級まで格付けされており、61のシャトーがあります。級が高いほど評価が高く、1級には5つのシャトーが選ばれています。ちなみに5つのシャトーとは、「ラフィット・ロートシルト(ロスチャイルド)」「ラトゥール」「マルゴー」「オー・ブリオン」「ムートン・ロートシルト(ロスチャイルド)」で、長い歴史の中で培った確かな技術があります。もっとも、格付けされていないシャトーも多くあり、近年は格付けシャトーに勝るとも劣らない品質のところも多いです。

Q

ボルドーのほかに
有名な産地はある?

ブルゴーニュのコート・ドールのス
ミュール・アン・オーソワ。「ブルゴー
ニュのワイン街道」と呼ばれ、古
くからの街並と優れた産地が集中
しています。

A
ボルドーと双璧をなすのが、
ブルゴーニュです。

最も高値がつくあのワインは、ブルゴーニュで造られています。

ボルドーと並ぶフランスの2大銘醸地がブルゴーニュです。
重厚な赤ワインが有名なボルドーに対し、ブルゴーニュの赤ワインは繊細な味わいが特徴。
ブレンドが認められるボルドーに対して、ブルゴーニュは単一品種で醸造が行われます。
貴族的発展を遂げたボルドーの造り手には、
「シャトー」と呼ばれる大規模醸造家が多いのに対し、
修道院が育んできたブルゴーニュは「ドメーヌ」という小規模醸造家が多いです。

① ブルゴーニュで有名なワインと言えば？

A 『ロマネ・コンティ』が造られています。

世界でもっとも高値がつけられると言われる『ロマネ・コンティ』は、ブルゴーニュ北部の産地「コート・ドール」で造られています。「コート・ドール」は「黄金の丘」という意味で、秋には丘一面のブドウ畑が黄金色になります。ほかにもナポレオンが愛したとされる『シャンベルタン』など、最高級ワインの産地として知られています。

コート・ドールはセーヌ川の
上流域にあり、フランスを
代表するワイン産地です。

ブルゴーニュ
産地図

ブルゴーニュ

② 単一の品種で造られるのはなぜ？

A その土地を反映するワインを追求した結果です。

ブルゴーニュの地でミサに使うワインを造っていた修道士たちは、「良いワインはその土地を反映する」と考えるようになりました。赤のピノ・ノワール、白のシャルドネという、味わいが素直なニュートラル系の品種を使い、混じりっ気ない単一品種のワインを造ることが彼らの理念に合っていたのです。

③ ブルゴーニュワインの格付けについて教えて！

A 格付けが畑に対しても行われ、AOC表記されます。

海底が隆起してできたブルゴーニュの丘は、畑のある土壌や地形によって味わいの違いが如実に表れます。そのため格付けは畑に対しても行われ、ラベルのAOC表記は「グラン・クリュ（特級畑）」「プルミエ・クリュ（1級畑）」「コミュナル（村名）」「レジョナル（地方名）」の4段階で表示されます。

④ ブルゴーニュのワインについてもっと教えて！

A ボーヌ村のオスピス・ド・ボーヌでは、
毎年チャリティーオークションが開催されています。

コート・ドールのボーヌ村にあるオスピス・ド・ボーヌは1443年に建てられた貧しい人たちを救済する慈善病院です。当時身分の高かった人が寄進した畑で造られるワイン『オスピス・ド・ボーヌ』は、毎年チャリティーオークションで販売され、その利益は病院の運営や歴史的建造物の維持に充てられています。

オスピス・ド・ボーヌの礼拝堂。ブルゴーニュ公国宰相のニコラ・ロランが貧しい人のための病院として設立しました。

Q

フランスで
最も古い
ワインの産地はどこ?

プロヴァンスは一年を通して過ごしやすい気候が特徴です。写真のローヌ渓谷沿いにあるブドウ畑には、右にブドウ畑、左にラベンダー畑があり、牧歌的で美しい風景が広がります。

A

ギリシア人が現在の
南フランスのマルセイユに
もたらしたとされています。

紀元前600年、ギリシア人は、現在のマルセイユである「マッサリア」に辿り着きました。
彼らはここを拠点として、現在のフランスがあるガリアへ進出し、このときにブドウをもたらし
たのが最初だとされています。その後、ローヌ川に沿って、ローヌやボルドー、ブルゴーニュ
へ伝播していったと考えられています。

個性的で高品質な、
AOCに縛られない自由なワインも。

地中海に面してバカンスでも人気のプロヴァンスでは、
マルセイユからコート・ダジュールに広がるエリアでワインが生産されています。
マルセイユのワイン文化はギリシア人によってもたらされました。
紀元前600年頃、ペルシアに攻められたギリシアは住んでいた土地を捨て、
マルセイユに辿り着きました。原住民に金属器や陶器などを作る技術を伝え、
地中海に近い地理を生かし、他国と交易を続けワイン文化を発展させました。

フランスのワイン産地について、もっと教えて！

A 南フランスのプロヴァンス地方では、ロゼワインが有名です。

フランスで造られるロゼの約40％はマルセイユからコート・ダジュールの幅広い地域で生産されています。生産量が
最も多いコート・ド・プロヴァンス地区では辛口かつフルーティで、喉越し爽やかなワインが造られています。

プロヴァンスのブドウ栽培の歴史は、フランス国内で
はいちばん古く、紀元前から行われていたと言われて
います。温暖な気候により、高級ワインよりも飲みや
すい、大衆受けするワインの生産に優れていました。
写真は現在のマルセイユ。

プロヴァンスはイタリアと地中海に接する
フランス南東部にあり、南アルプスやカマ
ルグから、丘陵地帯にあるブドウ畑、オ
リーブ畑、松林、ラベンダー畑にまで広
がる多様な景観で知られています。

Q2 南フランスのワインが安いのは本当?

A 大衆向けのヴァン・ド・ペイの
約8割が造られています。

プロヴァンスの西からスペイン国境のあるピレネー山脈の
山裾まで広がるラングドック・ルーション地方は、ブドウ栽
培に適した地中海気候です。フランスワインの生産量の
約40%がここで造られています。AOCより下位の「ヴァン・
ド・ペイ」というリーズナブルな大衆向けワインの8割近く
が、ここで生産されています。

Q3 ヴァン・ド・ペイはAOCに劣るの?

A ボルドーの一流ワインに肩を並べるものもあります。

ラングドック・ルーションで生産されるヴァン・ド・ペイには、AOCに縛られず自由に造られたワインに、個性的で高
品質なものがあります。有名なのは『マス・ド・ドマ・ガサック』で、ボルドーの一流ワインに比肩する深みと繊細さ
を備えると評され、高品質な南仏ワインのイメージを打ち立てました。

Q

シャンパンも
ワインなの？

A
シャンパーニュ地方で造られる
スパークリングワインです。

シャンパーニュ地方には、大小合わせて 5000 ものシャンパン醸造所が点在しています。また、写真のような「カーヴ」と呼ばれるシャンパンの地下貯蔵庫がいくつもあります。

寒くて厳しい冬だからこそ
生まれたワインがあります。

シャンパンは、正しくは『シャンパーニュ』と言います。
作ってから炭酸を加える炭酸飲料とは、造り方が違います。
ベースとなるスティルワインを瓶に詰め、そこに酵母と糖分を加えて栓をすると、
瓶の中でもう一度発酵し、発生した炭酸ガスがワインごと瓶に閉じ込められます。
ほかにもいろいろ決まりがあり、これをクリアしたものがシャンパーニュと名乗れます。
ちなみに、「シャンパン」というのは日本人が使う、親しみを込めた呼び方です。

⏻ シャンパーニュのラベルについて
教えて！

A 収穫年を記載しないノンヴィンテージが多いです。

シャンパーニュ地方はブドウ栽培の北限地。年によってブドウが完熟しないことがあります。そのため、メーカーはどこも収穫年の異なるワインをブレンドして、収穫年の記載がないノンヴィンテージを造っています。ブドウの作柄が非常に良い年は、その年のワインだけを使いヴィンテージを造ることもあります。

シャンパーニュ
生産地図

シャンパーニュ

シャンパーニュ地方の中心地にあるモンターニュ・ド・ランスには、ブドウ畑が広がっています。

シャンパーニュ地方にあるトー宮殿。シャンパーニュはブドウ栽培の北限ギリギリのとても寒い場所にあります。この地方はブドウの糖分が少ないため、17世紀頃は、ワインを造っても口が曲がるほど酸っぱいものしかできませんでした。

② シャンパーニュはどうやって生まれたの?

A 気候の影響で泡ができていたのを逆手に取りました。

17世紀、シャンパーニュではワインが泡を吹くことが悩みでした。冬の厳しい寒さで発酵を休んでいた酵母が、春になると発酵を再開するのです。これを逆手にとり爽やかな発泡性ワインに仕立てたのがシャンパーニュの始まりです。その後、コルク栓を改良し泡を閉じ込めることに成功したのが、ドン・ペリニョン修道士たちとされています。

③ 昔は甘口が主流だったって本当?

A 19世紀後半までは甘口が好まれていました。

かつてはシャンパーニュに限らずワインは甘口が好まれていました。19世紀後半、ポメリー社が売り出した辛口シャンパーニュが、イギリス、そして、ヨーロッパ中で大ヒットします。食事には辛口が合うという潜在的需要を見抜いていたのです。以後、現在までシャンパーニュは辛口が主流になっています。

修道士のドン・ペリニョンは、シャンパーニュ地方の生まれで、盲目であったと伝えられています。シャンパンのドン・ペリニョンは彼の名前から命名されたものです。彼のお墓は現在、サンピエール修道院にあります。

Q

細長い瓶のフランスワインは
どこのワイン？

A
アルザス地方のワインです。

アルザス地方は、ライン川沿いの平原地帯に広がる、歴史のある地域です。カラフルな木組みの家々が並ぶ絵本のような風景が広がっています。

ドイツと同じ品種でも
辛口なのが特徴です。

アルザスワイン

アルザス地方は、かつてフランスとドイツが領土争いを繰り広げた地。
そのため多くの面でドイツの影響を受けています。
ワインもドイツ系の品種が多く、
瓶もドイツワインに多い細長くシャープな形です。
ちなみに人々はどちらの言語にも属さない独自のアルザス語を話し、
「アルザス人」としての誇りを守っています。

Q アルザスの代表的なワインを教えて。

A いちばん多いのはリースリング種のワインです。

アルザスでは、ドイツと同じ品種を使いながらもフランスならではの辛口が特徴で、透明感のある瑞々しいワインがたくさん造られています。酸味がシャープなリースリング種のワイン、バラやライチの香りが特徴的なゲヴュルツトラミネール種のワイン、遅摘みして糖度を高めたブドウを使った甘口白ワインなどが有名です。

アルザスワインは、フランスの中でも特殊な存在です。フランスワインは、産地の細かな地区名がボトルに記載されていますが、アルザスワインは品種名が記載されています。写真は、アルザスのブドウ畑です。

② アルザス地方のワインの特徴は？

A 土壌が複雑過ぎるため、ラベルには 生産地でなく品種を記載しています。

ヴォージュ山脈の一部が陥没してできたこの辺り一帯は土壌が驚くほど複雑です。モザイクのように混み入った土壌の上で、その土壌に適した品種を栽培するので、ラベルには生産地ではなく品種を記載しているのです。基本的に単一品種で製法もシンプルなので、ミネラル感と品種そのものの味わいを楽しむことができます。

③ アルザスでワイン文化が発展した理由は？

A ライン川が交易に有利だったからです。

アルザス地方でワイン造りが始まったのは6世紀末。その品質は早くから知られていました。中世になるとライン川の主要な交易路を通じてヨーロッパ各地にワインを輸出し始めます。中でも司教や修道院は特権を与えられ、優位にワインビジネスを進めました。ストラスブールの大聖堂は当時の繁栄を物語るものです。

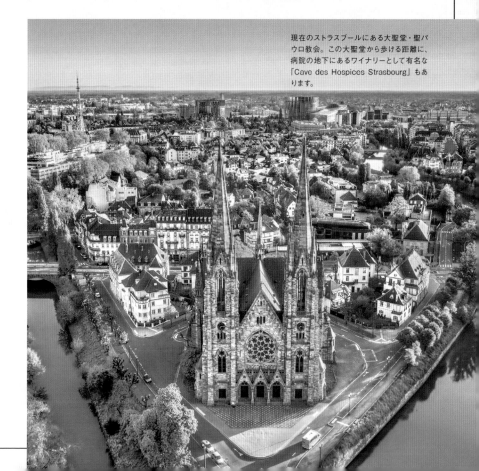

現在のストラスブールにある大聖堂・聖パウロ教会。この大聖堂から歩ける距離に、病院の地下にあるワイナリーとして有名な「Cave des Hospices Strasbourg」もあります。

フランスでぜひ訪れたい
ワインの産地と言ったら?

古城が多いことで有名なロワール
地方。写真はロワール渓谷にある
「シャトー・ド・シュノンソー」。

A

ロワール地区です。
『眠れる森の美女』に登場する
お城があります。

宮廷がおかれたロワール地方は、ワイン醸造の最先端でした。

フランス最長のロワール川の流域は、田園風景に古城が点在する風光明媚な土地。
『眠れる森の美女』の物語の舞台は、この地に建つお城がモデルになりました。
中世には宮廷がおかれたフランス東部にあるロワール地方は、
お城がブドウ畑を所有していたこともあり、かつてはボルドーよりもワイン醸造が進んでいました。
ロワール川はセーヌ川と運河で結ばれ、ワインは首都パリへと運ばれ、
また、イギリスへの重要な供給地ともなっていたのです。

Q ロワールではどんなワインを造っているの？

A シュール・リー製法で造るミュスカデ種のワインが有名です。

全長1000キロメートルもあるロワール流域は「土壌」「地形」「気候」がさまざまでワインのタイプも多彩です。最も有名なのはミュスカデ種を使って澱引きしない「シュール・リー製法」で造る、香味のある爽やかなワイン。フランス3大ロゼの1つ『ロゼ・ダンジュ』の薄甘口のロゼワインや自然派ワインも有名です。

シュノンソー城は、ロワール渓谷内にある城です。城めぐりをしながらワインを楽しむツアーもあるほど人気のスポットです。

サン・ベネゼ橋はアヴィニョンのローヌ川に架かっている石造アーチ橋です。ローヌ川は、地中海とヨーロッパ北部の交易の拠点としても重要な役割をもっていました。

名前は似てるけど全く別の地域だよ

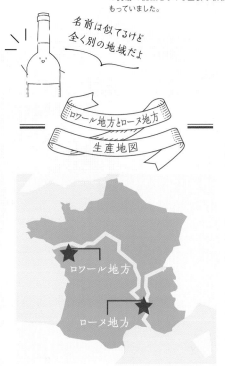

ロワール地方とローヌ地方
生産地図

ロワール地方

ローヌ地方

② お城とワインについて、ほかにも教えて!

A ローヌ地方には、「法王の新しい城」という名前のワインがあります。

14世紀にローマ教皇クレメンス5世が南フランスのローヌ地方に居を構えると、一時、同地に法王庁が置かれました。このとき法王にワインを献上する産地として発展したのがシャトーヌフ・デュ・パプ地区です。1936年、フランスで初めて法律により保護されるワインとしてAOCが定められ、13品種のブレンドが認められています。

③ ローヌ地方はどんなワインを造っているの?

A 南北に長い産地なので個性はさまざまです。

ローヌ地方は南北に長いため、ワインの特徴もひとくくりにはできません。北ローヌはシラー種のパワフルな赤ワインやヴィオニエ種の上品な白ワインが有名。南ローヌは赤も白もさまざまな品種をブレンドして造っています。赤ワインで多く使われるグルナッシュ種が主体だとパワフルでスパイシーさが際立つワインになります。

Q

シャブリって
どんなワイン？

A
ブルゴーニュの
シャブリ地区で造られる
辛口白ワインです。

シャブリ地区は気温がとても低く。畑
の通り道に火をともして冷害を防ぐほ
ど過酷な環境で栽培しています。

シャルドネの魅力を引き出した
辛口白ワインの代名詞です。

辛口白ワインの代名詞である『シャブリ』。
ブルゴーニュ地方最北端のシャブリ地区で造られ、
酸味が強くキレのよい味わいが魅力です。
この土地は、ジュラ紀には海の底だったため、貝殻の化石が出てくるような石灰質の土壌。
辛口白ワインにはうってつけです。
海のミネラルをたっぷり吸ったシャルドネは、スッキリ上品な飲み心地に仕上がります。

味わいの特徴を教えて！

シャブリワイン

A 上級クラスほど酸味と果実味が
濃密になります。

ポピュラーな「村名クラス」に格付けされるワインは、スッキリとした酸味と果実味をもち、2〜3年くらいの若いうちに飲むのが向いています。上級クラスの「グランクリュ（特級畑）」と「プルミエクリュ（一級畑）」は、酸味と果実味がより濃密で、10年ほど熟成させることで味わいがより華やかになります。「グランクリュ（特級畑）」の生産量は、全体の1.4％ほどしかなく、レ・クロやグルヌイユなどの銘柄が生産されています。

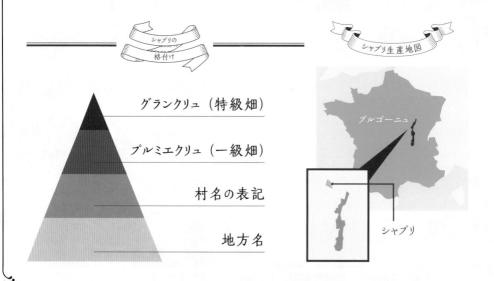

シャブリの格付け
グランクリュ（特級畑）
プルミエクリュ（一級畑）
村名の表記
地方名

シャブリ生産地図
ブルゴーニュ
シャブリ

シャブリ地区は、「キンメリジャン」と呼ばれる石灰岩を主体にした、ミネラル分が豊富な土壌です。

② シャブリには赤ワインはないの？

A AOCでシャブリを名乗れる赤ワインはありません。

AOCでシャブリと認定されるためには、シャルドネを使った白ワインでなくてはならないので、シャブリを名乗る赤ワインはありません。しかし地元の人が飲む赤ワインも生産している地区があり、ピノ・ノワール種を使ったAOCのイランシーというワインも少量ですが造られています。

③ ブルゴーニュでシャブリだけポツンと離れているのはなぜ？

A 苦難に耐え、生き残った結果です。

かつてパリのワインは周辺の「イル・ド・フランス」地域でまかなっていました。しかし、フィロキセラの災い（P33）や鉄道の開通で南フランスから安いワインが流入したことで、これらの産地は次々に姿を消します。その中で苦難に耐え、苗木の改植でフィロキセラを駆逐し、生き残ったのがシャブリなのです。

写真はシャブリのブドウ畑の中にある礼拝堂。シャブリでワイン製造を始めたのはポンティニー修道院と言われています。

Q

ボジョレーヌーボーって
どんなワイン？

A

ブルゴーニュ地方の南部、
ボジョレー地区で、
その年に採れたブドウを使って
造られたワインのことです。

ボジョレーのワイナリーの1つ、シルーブル（Chiroubles）は、標高300〜400mの高さにあるのでボジョレー地区の全景を見渡すことができます。

日本でも人気のボジョレーは、ヌーボーだけではありません。

「ボジョレー」とはブルゴーニュの南にある産地の名前、「ヌーボー」とは「新酒」のことです。
AOCではワインの熟成期間を地区ごとに定めていて、
例えばボルドーの赤が12〜20か月なのに対し、ボジョレーはわずか数週間。
その解禁日が11月の第3木曜日とされているのです。
もともと地区の収穫祭を祝うお酒だったのが、収穫後すぐ飲めるワインとして世界に広まり、
日本では時差の関係でいち早く飲めることもあって、バブル期に大人気になりました。

 ボジョレー・ヌーボーが、
ほかのブルゴーニュワインより安いのはなぜ?

A 広大な土地で大量に生産しているからです。

ボジョレーは、ブルゴーニュの半分に相当する広大な地区。栽培している「ガメイ」という品種は病気に強く、たくさんのブドウがなります。また、平地が多く機械を導入しやすい利点もあり、一時、世界のガメイの60%の生産量を誇ったほどです。

ボジョレー地区はブルゴーニュ地方の中では気候に恵まれた地区です。寒暖の差が激しい大陸性気候に属していますが、地中海性気候の影響も受けています。

② どうしてヌーボーが 有名になったの?

A ガメイの味わいが 早飲みに向いていたのです。

もともとガメイはブルゴーニュの中では下に見られていました。しかし、新酒として売り出したところ、これが大受けしたのです。赤なのに渋みが少なく、バナナのような甘く華やかな香りとあふれる果実味が早飲みに向いていたのです。新しいもの好きの心理にうまくマッチし、世界に知られるワインになりました。

写真はボジョレーのブドウ畑です。ボジョレー・ヌーボーは、ガメイの特徴を活かすために、「マセラシオン・カルボニック法」を使用しています。これはブドウを潰さず、丸ごと密閉タンク一杯に詰め込む製法です。

③ ボジョレーにはヌーボーしかないの?

A より高品質で熟成向けのタイプもあります。

ボジョレーヌーボーがあまりにも有名ですが、もちろん新酒ばかりではありません。北部にはより高品質な「ボジョレー・ヴィラージュ」があり、さらにその上には10の村だけが名乗ることができる「クリュ・ボジョレー」があります。この最高格付けのワインは5年以上の熟成に耐えるポテンシャルをもっています。

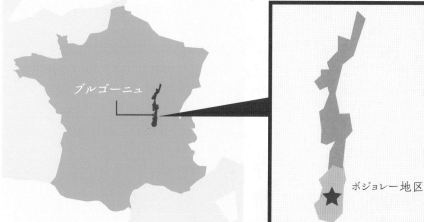

ブルゴーニュ

ボジョレー地区

ソムリエとの上手な付き合い方

　レストランやバーで働く「ソムリエ」は、フレンチやイタリアンの花形の職業でした。現在では「ソムリエ」の範囲が拡大し、以前よりも身近になりましたが、それでも高級料理店では注目される存在です。

　私は、都心の高級料理店でソムリエをしていたことがあります。そこでここでは、当事者（ソムリエ）として、ソムリエとの基本的な付き合い方や、ひょっとしたらいいことがあるかもしれない「ソムリエから好かれるポイント」を具体的に紹介しましょう。

　さらに、こういうことをすると、いい接客が遠のくかもしれない「ソムリエから苦手な客と思われてしまうポイント」も、こっそりお伝えします。

Q ソムリエってどんな人？

A ワイン専門の給仕人のことです。

　ソムリエは、お客様がワインを選ぶときに手助けをしてくれる人です。プロのサービスマンなので、ちょっとやそっとのことでは、お客様によって接客の質を変えることはしません。

　しかし、彼ら彼女らも人間ですから、好みのお客様や苦手なお客様がいて当然です。ソムリエと賢く付き合うために、ぜひ右のページをご参考ください。

ソムリエの資格制度は国によって異なりますが、日本では、日本ソムリエ協会の資格試験で認定されることが必要です。

「ソムリエ」も人の子、
好かれるポイントを押さえよう。

「ソムリエ」と聞くと身構えてしまう方もいるかと思いますが、ソムリエは接客係の1人です。

　お勧めのワインを聞けばよいのです。食べる料理やシチュエーションで、なにを飲んでいいのかわからない場合も、正直に伝えれば、必ずあなたの味方になってくれるでしょう。

　ソムリエがいちばん知りたいのは、お客様の「**飲む量**」と「**金銭感覚**」です。これがわからないと、どんなワインを紹介すればいいのかわかりません。そのため、事前に希望を伝えておくことで、ソムリエは安心して、最高の接客をすることができるのです。

　接待など、金銭感覚についてその場で伝えることが難しい場合は、「ボトル1本1万円くらいで」とこっそり耳打ちしたり、予約のときに伝えたりするとよいでしょう。

ソムリエから好かれるポイント	ソムリエから苦手と思われるポイント
・笑顔で接する ・マナーや服装を気にしすぎない 　（ラフすぎなければOK） ・少し大げさに喜びを表現するとベスト ・同じ店に3回以上通う	・匂いのきつい香水 ・大声で話したり、 　遠くから声を出してソムリエを呼ぶ ・ソムリエを威圧したり、 　優位性を自慢する

　ソムリエに好かれることは、ソムリエにとって「特別なお客様」になることを意味します。

　ワイン選びなどは基本的にソムリエにお任せしましょう。そして、美味しいワインを紹介してもらったら、少し大げさに喜びを表現し、気に入ったのであれば同じお店に3回通ってみましょう。これだけで「特別なお客様」へ仲間入りです。ソムリエが「力を発揮しやすいお客様」であること、「腕がなるお客様」であることが、ソムリエに好かれるポイントです。

　逆に、「ソムリエから苦手と思われるポイント」のような行為をしてしまうと、ソムリエにそっぽを向かれてしまいます。香水の匂いがきついとワインの香りが楽しめませんし、声をかけるのも、ソムリエが気づくのを待つようにしましょう。そして、ソムリエへの「マウントをとる行為」は絶対NGです。ソムリエが自発的に「あの人にいい接客をしたい」と思えるようにすることが、「いい接客」に繋がるのです。

　以上を実践していただければ、必ずソムリエといいお付き合いができるようになります。

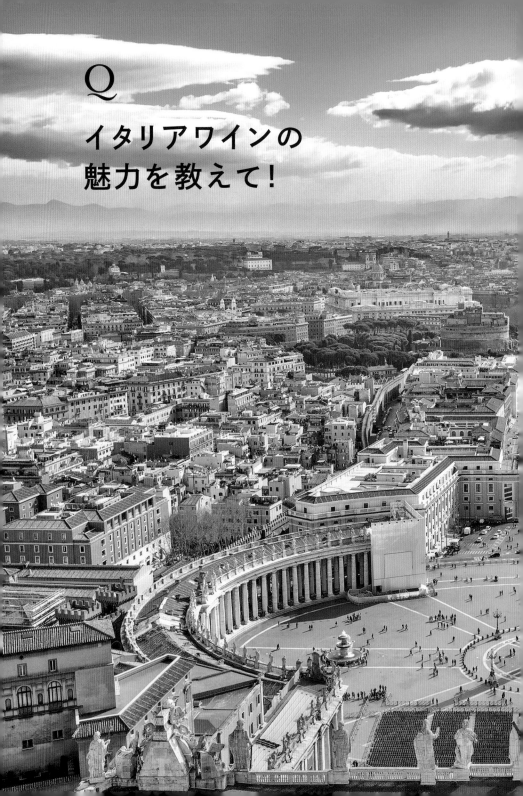

Q

イタリアワインの
魅力を教えて！

A
多様性こそが
魅力です。

バチカンの聖ペテロ広場とローマの街並み。イタリアは温暖な気候に恵まれており、古代ギリシア語で「ワインの大地（エノトリーア・テルス／Enotoria Tellus）」とも呼ばれています。

イタリアワインの魅力は、産地ごとの多様な個性です。

地中海に囲まれたイタリアは、気候条件に恵まれ20州全土でワインが造られています。
国土は南北に長く、山岳、沿岸、平野と異なる環境で造られるワインは、
産地ごとに多彩な個性があるのが特徴です。
かつてギリシア人がもたらし、ローマ人が広く普及に努めたワイン造りは、
1861年に国家が今の姿に統一されるまで、イタリア各地で独自に発展を遂げて来ました。
古くからの品種を頑なに守り続ける生産者も多く、その多様性こそが魅力と言えます。

⚖ イタリアにはどんなブドウ品種があるの？

A ネッビオーロやサンジョヴェーゼが有名です。

土着の固有品種は約2000種に及ぶと推定されています。そのうち400ほどが国に公認されています。代表的な品種には、ピエモンテ州にある「王様のワイン」と称えられるバローロの品種「ネッビオーロ」、トスカーナ州にある世界で親しまれるキャンティの品種「サンジョヴェーゼ」、トレンティーノ・アルト・アディジェ州にあるアメリカでも大人気の白ワイン品種「ピノ・グリージョ」などがあります。

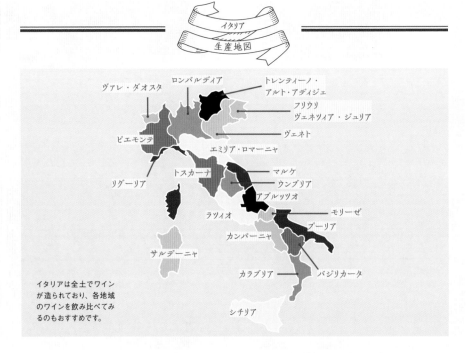

イタリア
生産地図

ヴァレ・ダオスタ
ロンバルディア
トレンティーノ・アルト・アディジェ
フリウリ・ヴェネツィア・ジュリア
ピエモンテ
ヴェネト
エミリア・ロマーニャ
リグーリア
トスカーナ
マルケ
ウンブリア
アブルッツオ
モリーゼ
ラツィオ
プーリア
カンパーニャ
サルデーニャ
カラブリア
バジリカータ
シチリア

イタリアは全土でワインが造られており、各地域のワインを飲み比べてみるのもおすすめです。

ワイン生産地としても有名なプーリア州はブーツでいう「かかと」に当たる地域で、山岳がほとんどなく、夏は雨が少なく乾燥しており、1年を通して温暖な気候です。

② フランスのワインとはどう違うの?

A 「おらが村」の多彩なカジュアルワインが多いです。

フランス以上に日照量に恵まれているため、ふくよかで飲みやすいワインに仕上がりやすくなっています。また、王侯・貴族が求めたフランスワインよりも庶民に近く、「おらが村」の郷土料理に合う多彩なカジュアルワインが多いのも特徴です。まだまだ隠れた名酒が多く存在し、それらを見つけるのも楽しみの1つです。

③ フランスのAOCのようなものはあるの?

A DOPやD.O.C.G.などがあります。

イタリアにはAOCと同様のD.O.C.（統制原産地呼称ワイン）と、その上のD.O.C.G.（統制保証付原産地呼称ワイン）のほか、EU法でこの2つをまとめたDOP（保護原産地呼称ワイン）もあり、どちらも使用できます。その一方で、あえて格付けランクを落として独自のワインを追求する生産者が多いのもイタリアワインの魅力です。

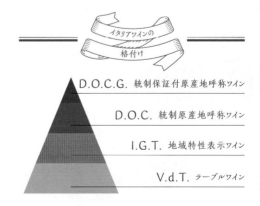

イタリアワインの格付け

D.O.C.G. 統制保証付原産地呼称ワイン

D.O.C. 統制原産地呼称ワイン

I.G.T. 地域特性表示ワイン

V.d.T. テーブルワイン

Q

イタリアで有名なワインと
言ったら?

A
イタリアワインの王様、
『バローロ』です。

ワイン生産が盛んなピエモン
テ州には世界遺産のサクリ・
モンティがあり、北部の湖水
地域はリゾートとして人気です。

ここには、イタリアワインの「王様」や「女王」がいます。

北イタリアのピエモンテ州で造られる『バローロ』は重みのある赤ワインの代表格。
深いガーネット色に重厚なタンニンと豊かな風味を備えます。
バローロに100%の使用が義務付けられている品種「ネッビオーロ」は、
栽培が難しく、この地は数少ない収穫地の1つです。
熟成期間も厳しく定められていて、市場に出荷されるのは最低38か月を過ぎてから。
ちなみに、産地のバローロ村では、3000年以上前からワインが造られています。

① バローロ村のあるピエモンテ州ってどんな州？

A アルプス山脈の麓にある代表的な銘醸地です。

イタリアを代表する銘醸地です。「ピエ」は麓、「モンテ」は山のことで、アルプス山脈の麓の太陽の当たる斜面でブドウが栽培されています。ブルゴーニュに例えられるほど栽培環境の多様性に富み、狩猟肉のジビエ料理と共にワイン文化が育まれました。イタリアで最もD.O.C.G.(P71)が多く、バローロは国内で初めて認定されたD.O.C.G.です。

② バローロワインの特徴を教えて！

A バローロワインは最初は甘口でした。

19世紀初旬ころまではバローロやバルバレスコは甘口ワインが主流でした。ブドウ品種の「ネッビオーロ」は10月下旬が収穫期のため、発酵が完全に終わる前に気温が下がり、当時の発酵技術では辛口に仕上がらなかったのです。現在のような辛口ワインは、19世紀中頃に生産されるようになりました。

アルプス連峰を境にスイスやフランスと国境を接し、ヨーロッパの中心に位置しているピエモンテ。南部の「ランゲ・ロエロ・モンフェッラート」と呼ばれる丘陵地帯でブドウが栽培されています。

現在のピエモンテ地区にあるバ
ローロ村。バローロのワインはイタ
リア最高峰の赤ワインで、大樽で
長期熟成させる伝統的手法で造ら
れ、飲み頃になるまでは10年以
上かかると言われています。

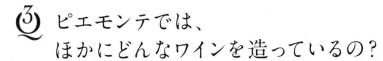

ピエモンテでは、
ほかにどんなワインを造っているの?

A 『バルバレスコ』や『アスティ』があります。

バローロと双璧をなす赤ワイン『バルバレスコ』が造られています。こちらは「イタリアワインの女王」に例えられ、同
じネッビオーロ種を使いながら、力強いバローロに対し、繊細さや優美さを兼ね備えます。また、モスカート種を使っ
た甘口の発泡性ワイン『アスティ』も世界的に人気のあるワインです。

ピエモンテのワインについてもっと教えて!

A 「イタリアワインの帝王」と言われる
アンジェロ・ガヤという造り手がいます。

『バルバレスコ』を世に送り続けるアンジェ
ロ・ガヤ氏はイタリアを代表する造り手です。
あえてD.O.C.G.のバルバレスコを造るのを
やめてフランス品種のカベルネ・ソーヴィニ
ヨンでD.O.C.の「ダルマジ」を造ったり、か
と思ったら、世界で初めて単一畑で造られ
るバルバレスコを売り出したりと、独自の路
線を貫きました。

バローロ同様に世界的に有名なバルバレスコ
の街並。ワイナリーやワイン展示場が多くあり
ます。

Q
イタリアで有名なワインを
もっと教えて！

A
トスカーナ州の
『キャンティ』も
忘れてはいけません。

トスカーナ地方のワイン産地の1つ
モンテプルチャーノ。「ヴィーノ・ノー
ビレ・ディ・モンテプルチャーノ」と
いうワインの産地として有名です。

伝統品種サンジョヴェーゼで造る軽く飲みやすい辛口の赤ワイン。

『キャンティ』はイタリアの花形ワインです。
果実味があって軽くて飲みやすい辛口の赤は、世界中で人気です。
主要品種のサンジョヴェーゼは、この地の日当たり良い丘陵地帯に適した伝統品種。
このワインは、ルネッサンス発祥の地として有名なフィレンツェのあるトスカーナ地方で、
1716年に誕生しました。中世には藁に包まれた丸い瓶「フィアスコ」で流通しました。
映画『ローマの休日』でも登場したこの瓶の姿は、当時のブランド戦略で復刻したものです。

キャンティについてもっと教えて！

A 伝統的な産地で造られる『キャンティ・クラシコ』があります。

キャンティは、その昔、偽物が多く出回ったため、18世紀に境界線で正式な産地を定めました。ところが、周辺の生産者は勝手に境界線を広げてしまいました。この状況に手を打つべく、20世紀に元の境界内を『キャンティ・クラシコ』と決めました。この伝統エリアでは果実味豊かで飲みごたえある高級ワインが多く造られています。

トスカーナ州の州都フィレンツェはユネスコの世界遺産に登録されており、ワイナリーも多数あります。写真はフィレンツェのフィレンツェ大聖堂前にあるレストランです。

DinoPh / Shutterstock.com

モンタルチーノには 12 世紀に建造されたベネディクト修道会の修道院があり、トスカーナ地方におけるロマネスク建築の傑作と言われています。

② トスカーナの高級ワインと言えば？

A 『スーパートスカーナ』と呼ばれる伝統製法にとらわれない
高級ブレンドワインがあります。

トスカーナ地方の気候は、ボルドーのブドウ品種と馴染みがよく、カベルネソーヴィニヨンなどを主体にしたワインが造られました。その結果、世界で高評価を得ることに成功し、『スーパートスカーナ』と呼ばれました。現在でも高い人気があり、本家ボルドーの価格を超えるものも少なくありません。

『サッシカイア』は、スーパートスカーナを
代表する 3 大ワインの 1 つです。

イタリアで、
特徴的なワインと言えば?

古代から「太陽の島」と称されて
きたシチリア島は、ブドウの生育
にとても適しており、イタリアの3
大ワイン産地と言われるほど、良
質なワインを生産しています。

A
シチリア島には、
『マルサラ』という
酒精強化ワインがあります。

一度は飲んでみたい、
イタリアの個性的なワイン。

『マルサラ』は地酒のワインにブランデーを入れアルコールを強めた酒精強化ワインです。
煮詰めたブドウ果汁も加えて甘口に仕立て、食前酒に供され、お菓子作りにも使われます。
18世紀に島に渡って来たイギリス人が造りました。
シチリア島にあるマルサラという町の名は「アラーの港」という意味でアラブ人がつけたもの。
海上交通の要所として多民族の影響を受け、
独自の文化が育まれて来た、地中海最大の島ならではの名前です。

Q ユニークな名前のワインを教えて！

A 「ある！ ある!! ある!!!」という意味の
ワインがあります。

『エスト！ エスト!! エスト!!! ディ・モンテフィアスコーネ』は、イタリア語で美味しいワインが「ある！ ある!! ある!!!」という意味。ワイン好きの司教に命じられて、ローマへの旅すがら美味しいワインを探しに行った従者が、宿の扉にこう書いたことが由来です。トレッビアーノ種主体の爽やかで調和のとれた辛口白ワインです。

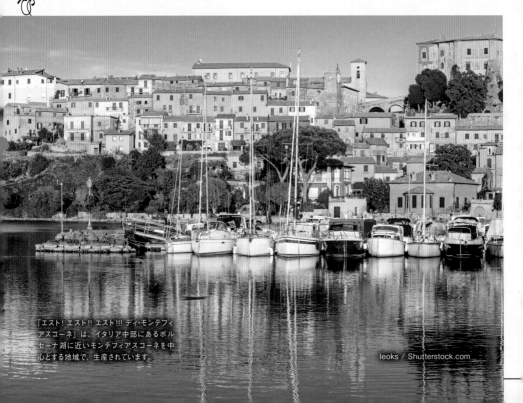

『エスト！ エスト!! エスト!!! ディ・モンテフィアスコーネ』は、イタリア中部にあるボルセーナ湖に近いモンテフィアスコーネを中心とする地域で、生産されています。

leoks / Shutterstock.com

② イタリアの発泡性ワインについて教えて！

A 瓶内二次発酵方式で造られるフランチャコルタは、シャンパン以上とも言われます。

イタリア北西部にあるロンバルディア州の『フランチャコルタ』は、シャルドネやピノ・ネーロ種を使って、フランスのシャンパーニュと同じ瓶内二次発酵で造られる発泡性ワインです。シャンパーニュより厳格な規定があり、エレガントで気品のある味わいは本家に引けをとりません。州都ミラノで世界のVIPを唸らせ、愛されて来ました。

ワイン産地でもあるロンバルディア州のコモ湖は、逆Y字形の形状をもつ湖。湖水面積はイタリアで3番目に広く、避署地としても有名です。

③ 干しブドウから造られるワインはあるの？

A 『アマローネ』は干しブドウから造られます。

イタリア北東部にあるヴェネト州の『アマローネ』は、陰干しして糖度を高めたブドウから造られる希少で甘美な味わいの辛口赤ワインです。同じ製法で甘口に仕上げたものを同じヴェネト州では「レチョート」と言い、ほかの州では「パッシート」と言います。トスカーナ州では辛口、中甘口、甘口も「ヴィン・サント」と言います。

イタリアでもトップクラスのワイン生産量を誇るヴェネト州は、山・海・平原に恵まれた非常に自然豊かな州です。

Q

イタリアを代表する
白ワインと言えば?

A
ヴェネト州の
『ソアヴェ』が有名です。

イタリアのヴェネト州にあるパドヴァの
南側に位置するモンセーリチェには、
13 世紀から続く貴族の邸宅をそのまま
利用して、ワイン醸造が行われています。
写真は、パドヴァにあるプラト・デラ・ヴァ
レの広場。

ヴェネト州のヴェローナは イタリアワインの首都です。

イタリアにある北東部ヴェネト州の『ソアヴェ』はイタリアを代表する白ワインです。
ガルガーネガ種を70％以上使用し、バランスの良い甘みと酸味で、
花やフルーツの香りが特徴で、後口にわずかな苦味を残す辛口ワインです。
イタリアワインと言えば、赤はキャンティ、白はソアヴェというイメージが強く、
ヴェネト州は、州都をヴェネツィアとし、
イタリア国内でもトップクラスのワイン生産量を誇る「ワイン王国」とも呼ばれています。

Q ヴェネト州ではほかに どんなワインが造られているの？

A コルヴィーナ種などから造られる赤ワインがあります。

コルヴィーナ種などから造る『アマローネ・デッラ・ヴァルポリチェッラ』はヴェネト州を代表する赤ワインです。同じく
コルヴィーナ種などを使った『バルドリーノ』も有名です。この2つの銘柄とソアヴェの3銘柄が造られているヴェネ
ト州の西部「ヴェローナ」は「イタリアワインの首都」とも言われます。

ヴェネツィアにおける地中海貿易では、絹や香料のほか、ワインも重要な貿易品の1つでした。写真は現在のヴェネツィア。

カンパーニャは中心都市ナポリを州都にもつ州。火山「ヴェズーヴィオ」があり、海岸に近い地区では、火山灰土壌でワインが造られています。

② 南イタリアでは どんなワインが造られているの?

A カンパーニャ州の赤ワイン『タウラージ』が有名です。

南イタリアでは赤ワインの生産が盛んです。その中でもカンパーニャ州の『タウラージ』は南イタリア最高のワインと呼ばれる銘柄のうちの1つです。アリアニコ種85%以上で造られるその味わいは、酸やタンニンを強く感じ、コショウに似た濃密な香りも特徴。「南イタリアで最も力強い」と形容されています。

③ 南イタリアで有名な白ワインは?

A プーリア州の『カステル・デル・モンテ』が有名です。

イタリア半島の「かかと」に当たる地域、プーリア州の『カステル・デル・モンテ』が有名です。パンパヌート種から造られる辛口の白ワインで、小魚のフライやトマトパスタにも合います。この地は、かつてギリシアとの交通の要衝であり、紀元前2000年頃からワインが造られ、「ワインの地」を意味する「エノトリア」と呼ばれていました。

じゅるり…

ヴェネト州

プーリア州

カンパーニャ州

ヴェネト州・プーリア州

カンパーニャ州

COLUMN

ワインの飲み方&楽しみ方

　ワインをすでにたしなんでいる方は、きっと自分なりの楽しみ方が確立されていることも多い
でしょう。もちろんワインは嗜好品ですので、極端な話、どのような飲み方をしても本人さえよけ
れば、他人が口をはさむものではありません。しかし、現在の日本のワイン市場を知ることで、
これまでと、これからでは、その楽しみ方にやや違いがあることに気づくかもしれません。

日本のワイン市場は、
劇的な変化のまっただなか。

　日本の国別ワイン輸入量は、ヨーロッパの伝統的な生産国からチリへと変移してきました。
チリワインのほとんどが、コンビニやスーパーに並び、一般のご家庭で普通に飲まれるように
なってきています。

　日本のワインの歴史は明治時代から始まり、長いこと舶来品で、高価なイメージがありまし
た。そのため、一部の人たちがたしなむものだったり、特別な日に飲むものだったのです。

　舶来品で高価なイメージだったワインが、現代では身近なコンビニやスーパーに並んでいる
のです。いかがでしょうか?

　ワインはもともと貧しい農民にも普通に飲まれていたものです。そのため、コンビニやスーパー
で買えるようになった現在の日本のワイン市場こそが、ワイン本来の飲まれ方とも言えるのです。
ワインの楽しみ方はこの流れに付随してさらに変化していくと、私は予想しています。

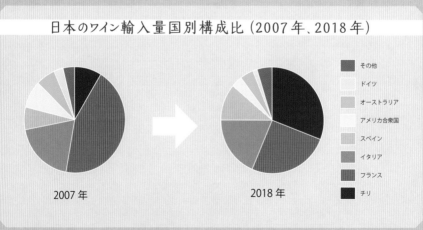

日本のワイン輸入量国別構成比 (2007年、2018年)

2007年　→　2018年

その他 / ドイツ / オーストラリア / アメリカ合衆国 / スペイン / イタリア / フランス / チリ

※財務省関税局「ぶどう酒 (2L未満)」の推移

多様性に富んだワイン市場、
それぞれにあった楽しみ方を知る。

　これまでの「ワインの飲み方」と言えば、温度やグラスの持ち方、テイスティングの仕方などのマナーが中心でした。しかし、これは「特別な飲み物としてのワイン」との接し方なのです。ワイン市場の成熟とともに、実際にワインの楽しみ方は分化されています。

1000円以下のコンビニ・スーパーのワイン

　安いワインは、いくつか試飲して、気に入ったものを好きなように飲んでみるとよいでしょう。

　料理との組み合わせを考えた場合も、これらの多くは味わいが柔らかく、日本の食卓にも合わせやすいように造られています。グラスも気にしなくて構いません。極端な話、コップでもいいでしょう。飲みたいと思ったときに購入すればいいですし、購入後はなるべく早く飲み切りましょう。ちなみに、このタイプは一度封を開けてしまうと品質の変化が激しいため、冷蔵庫で冷やして飲むことをお勧めします。

1万円以下のワイン

　1万円以下のクラスのワインは、品質にフォーカスして飲むことをお勧めします。

　栽培や醸造の技術が進化することで、このクラスのワインであっても品質はきわめて高く、傑出するワインも少なくありません。そのため、楽しみ方や飲み方にもこだわってみましょう。グラスはワインに応じて、できれば大ぶりできれいなものを選び、温度にも気を遣いたいところです。白は8度、赤は18度を基本に、合わせる料理も最高の組み合わせを追求したいですね。ご家庭であっても、できるだけワインを楽しむ環境を整えて、気分を盛り上げていただいてみてください。

1万円以上のワイン

　高級ワインには必ずと言っていいほど歴史があります。しかし、日本では歴史や文化にフォーカスすることは、多くはありませんでした。

　たとえば、「ボルドーの1級ワインで1本10万円するワイン」という情報だけで味わうのと、「18世紀後半にパリがビスマルクの手に落ちたとき、占領軍を撤退させるための法外な賠償金を用立てし、パリの窮地を救った英雄ジェームスが、なりふり構わず手に入れたもの」と知った上で味わうのとでは感じ方は違うでしょう。ぜひ、この機会にワインの歴史や文化を少しだけ深掘りしてみてはいかがでしょうか。

Q

スペインでは、
どんなワインが
造られているの？

『シェリー』はアンダルシアの町ヘレス周辺の三角地帯と認定地域のものだけを言い、ボデガス・トラディシオンはアンダルシアを代表するワイナリーです。

A

ほかのワインよりも
アルコール度数を高めた
『シェリー』などがあります。

酒精強化ワインで、大航海時代に名を馳せました。

シェリーとは、白ワインにブランデーを加えたお酒です。
スペインのアンダルシア地方を代表する名酒で、現地では「ヘレス」と呼ばれます。
アルコール度数を高めたお酒を「フォーティファイド・ワイン（酒精強化ワイン）」と呼びます。
ブドウ品種はパロミノなどの3種に限られ、その製法は厳格に決められています。
シェリーの歴史は長く、大航海時代には世界で名を響かせ、
スペインの重要な貿易品となっていました。

アンダルシア
生産地

🔔 酒精強化ワインが造られたのはなぜ？

A 長い航海に耐えるお酒が必要だったからです。

ブランデーを加えてアルコール度数を高めることで、ワインがアンダルシアの暑さに耐え、長い航海で劣化するのを防ぎました。大航海時代の主役の1人であるポルトガルの航海者マゼランは、シェリーをこよなく愛し、1519年の世界一周の旅では、武器よりもワインの調達に大枚をはたいたと言われています。

アンダルシア

アンダルシアにあるスペイン広場プラザデエスパナ。アンダルシア地方は、地中海性気候で、夏はとても暑く、雨はあまり降りません。そこで、酸化・腐敗防止など保存性を高め、さらに味わいに個性をもたせるために酒精強化ワインができました。

② シェリーはどんな風味なの?

A 種類によって味わいはさまざまです。

辛口から甘口まで、また、すっきりからコクのある味わいまで、シェリーにはいろいろな種類があります。フィノというタイプは、熟成の過程で、酵母が「フロール」という白い膜を作り、繊細でシャープな香りをもたらします。オロロソというタイプはフロールの香りは弱めですが、アルコール度数が高く骨格がしっかりしています。

③ シェリーについてもっと教えて!

A 「アルマセニスタ」という、
小規模ワイナリーの高品質シェリーがあります。

世界的人気を誇るシェリーには、かつて、大手メーカーによる寡占が市場のマンネリ化を招いた時代がありました。その停滞を打ち破ったのが小規模ワイナリーの高品質シェリーを製品化したエミリオルスタウ社の「アルマセニスタ」シリーズ。極上の味を知りたい方におすすめのプレミアムシェリーです。

エミリオルスタウ社が所有する畑があるヘレス・デ・ラ・フロンテーラには、ブドウの葉に覆われた通りがあります。

Q

スペインで
有名なワインを教えて!

カヴァには洞窟という意味があり、
バルセロナ郊外のペネデス地区は、
「カヴァの街」と呼ばれています。そ
の中でも最大手の「FERIXINET(フ
レシネ)」というワイナリーは見学ツ
アーが組まれるほど人気です。

A
「カヴァ」と呼ばれる
スパークリングワインがあります。

スペイン産のコスパの良さは、
ワイン産業の近代化に遅れたから。

カヴァは、スペイン・カタルーニャ州のペネデス地区で造られるスパークリングワイン。
製法はフランスのシャンパーニュから伝わった、瓶詰め後も発酵させる「瓶内二次発酵」です。
両者を区別するためにつけられた「カヴァ」という名前は洞窟を意味します。
その名の通り、このワインは暗所で9か月以上熟成されます。
爽やかなマカベオ種などから造られる泡がきめ細やかなワインは、
コストパフォーマンスが良く、一部のシャンパーニュと肩を並べるほど、人気を博しています。

⏻ スペインで有名な赤ワインは？

A リオハ州の赤ワインが有名です。

スペイン北東部を流れるエブロ川流域のラ・リオハ州は、スペイン産赤ワインの最も有名な産地です。19世紀末、フランスがフィロキセラの災禍を受けた後、多くのボルドー出身者がこの地へ赴き、オーク樽による長期熟成の生産方法が伝えられました。ラ・リオハ州では、テンプラニーリョ種を使った濃厚な赤ワインが造られています。

リオハ
生産地

ラ・リオハ

カスティーリャ・
イ・レオン州

リオハのブドウ畑は、最上級の「特選原産地呼称（DOCa）」に認定されています。DOCaとは、スペイン固有のブドウ品種を使った高品質なワインのこと。つまり、リオハワインは最高級ワインなのです。

「ヴェガシシリア社」があるカスティーリャ・イ・レオン州には、ユネスコの世界遺産に登録されているアルカサル城があります。

 スペインを代表する高級ワインと言えば？

A **ブティックワイナリーが造る「ウニコ」があります。**

スペインの至宝と称される赤ワイン「ウニコ」があります。造り手は、小規模ながら高品質ワインを造る「ヴェガシシリア社」。スペインは、こうした「ブティックワイナリー」の宝庫です。ウニコを生産しているスペイン中北部に位置するリベラ・デル・ドゥエロや東部のプリオラートなどの産地も、「特選原産地呼称（DOCa）」に認定されています。

3 **スペインワインの価格には**
安いイメージがあるけどどうして？

A **ワイン産業の近代化に出遅れたからです。**

本来、ワイン造りに適した気候風土にあるスペイン。しかし、20世紀の後半までフランコ総統による独裁的な軍事政権に支配されていたため、第二次世界大戦後の国際秩序づくりに乗り遅れ、ワイン産業の近代化にも出遅れました。高品質ながら現在でも価格が抑えられて推移しているのは、このような事情があるのです。

北西アフリカ沖にあるカナリア諸島は7つの島で形成されています。写真のランサローテ島では、火山の噴火で積もった微小な炭の層に、あり地獄のような穴を掘って、ブドウの樹を1本ずつ植える畑があることで有名です。

Q
ポルトガルの
ワインについて
教えて!

A
液体の宝石と呼ばれる
『ポートワイン』が有名です。

ポートワインの産地としても有名なポルトガルの都市シントラには、19世紀ロマン主義を象徴する建築として有名なペーナ宮殿があります。写真は現在のペーナ宮殿で国の文化財となっています

赤でも白でもなく、
緑のワインがあります。

『ポートワイン』は、スペインのシェリーと並ぶ酒精強化ワインで「液体の宝石」とも呼ばれます。
ワインを醸造する途中、まだ発酵前の糖分がかなり残っている段階で、
アルコール度数77%のブランデーを加えると発酵が止まり、酒精が強化されます。
そのため、ポートワインの多くは甘口に仕上がります。
ドウロ川上流で造られたワインを、河口にある海港都市ポルトのヴィラ・ノヴァ・デ・ガイアへ運び、
そこで最低でも3年間樽熟成させたあと、ようやくポートワインの名を冠され出荷されます。

① ポートワインの種類を教えて！

A 若いポートの赤を「ルビーポート」と呼びます。

黒ブドウから醸造して3年間樽熟成させた若いポートを「ルビーポート」と呼びます。鮮やかなルビー色をして果実味も豊かです。より長い期間樽熟成させエレガントに円熟させたものを「トニーポート」と言います。白ブドウのみを原料とした「ホワイトポート」には、やや甘口とやや辛口のものがあります。

② ポートワインについてもっと教えて！

A 大手ポート会社は、イギリス人の手で営まれました。

歴史上イギリスは、フランスと対立した際は、ポルトガルをワイン調達の代替地として選びました。中でもポートワインは人気を博して大変重要なものになりました。こうして多くの大手ポート会社はイギリス人の手で営まれるようになったのです。そのためポートワインには、「DOW'S（ダウ）」や「SANDEMAN（サンデマン）」などの英語名が多く見受けられます。

ポートワインはドウロ川の両岸で生まれました。ユネスコにより世界遺産に登録されたドウロ渓谷は、車、電車、または船で観光することができます。

ポートワインの生産で有名なアルト・ドウロ・ワイン生産地域には、ブドウの段々畑があります。畑を支える石壁の総延長は数万kmに及びます。

③ ポルトガルならではのワインってある?

A 緑のワインがあります。

ポルトガル北部のミーニョ川一帯で造られる『ヴィーニョ・ヴェルデ』は、直訳すると「緑のワイン」。ブドウが熟す前の緑のうちに収穫し、醸造します。アルコール度数が低く、微かに発泡する、フレッシュでフルーティなワインです。地元ではビール代わりに気軽に飲んで楽しまれています。

やすらぎの
緑色〜

写真は、緑のワイン『ヴィーニョ・ヴェルデ』です。

Q

ドイツのワインには
甘いイメージがあるけれど?

写真は、モーゼル川近くに建つ「ブルク・エルツ城」。モーゼル川、ザール川、ルーヴァー川流域のワイン生産地は、ドイツで最も古い産地として知られています。とくにモーゼル地方は伝統的なリースリング栽培地として有名です。

A
もともと甘口ワインは
造るのが難しく、
高級品として人気でした。

辛口が好まれるようになって、人気が低迷していましたが……。

砂糖が手に入らなかった昔、糖度の高いブドウは重宝され、ワインも甘口が好まれました。
しかし、ワイン生産の北限地ドイツでは、ブドウの糖度があまり上がりません。
日照量が稼げる急斜面や太陽の照り返しが当たる川沿いでブドウを栽培したり、
寒さに強い品種を開発したり、わざと遅く収穫したりするなどして、
生産者は糖度を高める工夫を凝らしました。
その結果、酸味と甘みのバランスが絶妙なワインが造られるようになったのです。

 ドイツの有名なワインと言えば？

A 世界3大貴腐ワインの1つ、
『トロッケンベーレンアウスレーゼ』があります。

「貴腐ワイン」は「貴腐菌」を利用して造られる甘口ワインです。白ブドウに貴腐菌がつき、気象条件が揃うと、ブドウは果皮から水分が抜けて干しブドウのようになり、糖度が凝縮されます。このブドウから造られるワインは、糖度がずば抜けて高いデザートワインとして世界的に知られています。

② ドイツにも有名なワイン産地はある？

A ライン川沿いの「ラインガウ地区」が有名です。

ライン川沿いで南向き斜面が続く「ラインガウ地区」は、日照量に恵まれたドイツを代表する銘醸地の1つ。さらにこの地は、ライン川から立ち込める霧が貴腐菌の発生に好都合です。貴腐ワインの発祥地とも言われ、リースリング種からドイツ最高峰のトロッケンベーレンアウスレーゼが造られています。

ナーエ川、ライン川に接する「千の丘陵地」は、ドイツ最大のワイン生産地域で、なだらかな丘陵地帯が広がっています。

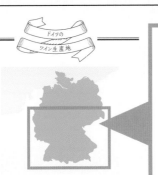

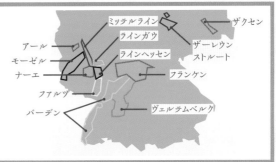

ドイツの
ワイン生産地

ミッテルライン
ラインガウ
ラインヘッセン
ザクセン
ザーレウン
ストルート
アール
モーゼル
ナーエ
ファルツ
バーデン
フランケン
ヴェルテムベルク

③ 日本ではあまりドイツワインを 見かけないような気がするけど……。

A 食生活の変化により 世界的に人気が低迷してしまいました。

ドイツはフランスと並ぶワイン伝統国で、甘口ワインが好まれた昔は世界的な人気を誇りました。しかし、20世紀以降の食生活の変化で、甘口ワインそのものの需要が激減し、辛口ワインが好まれるようになりました。そのため、日本だけでなく、世界的にドイツワインの人気は低迷してしまったのです。

④ ドイツに辛口ワインはないの?

A 辛口ワインを造る若い生産者は増えています。

世界的に辛口が好まれる状況が久しく、ドイツでも辛口に目を向けるようになってきています。2000年には新しい辛口ワイン表示も導入されました。上級の辛口ワインには「クラシック」「セレクション」などと表示されます。若い生産者の中には国際マーケットを見据えて、辛口ワインを造る人も増えています。

辛口ワインで有名なバイエルン州は、四方を山や渓谷に囲まれており、シルヴァーナやミュラー・トゥルガウなどの品種が栽培されています。写真は、バイエルン州にあるロテノブ・デル・タウバーの街並みです。

オーストリアでは
どんなワインが造られている?

国のイメージのまま
クリーンで華やかなワインです。

オーストリアの観光地・ハルシュタットは、
ギリシアとの交易で、ワインなどさまざまな
品を輸入していました。また、教会のミサ
などを通し、ワイン文化が根付いていきま
した。

ワイン史上最大のスキャンダルを乗り越えたワイン生産国です。

オーストリアのワインは、ドイツに近い印象をもたれますが、独自の個性があります。
同じ冷涼な地ですが、雨が少なく、ブドウはしっかり成熟し、より力強さをもちます。
白の辛口が多く、代表品種の「グリューナー・ヴェルトリーナー」は、
ハーブのような香りが特徴です。
かつての広大なオーストリア・ハンガリー帝国の王室の食卓を彩った畑からは、
国のイメージのままクリーンで華やかなワインが生産されています。

 オーストリアで有名な産地を教えて！

A ニーダーエスターライヒ州
などが有名です。

東北部にあるニーダーエスターライヒ州は、オーストリ
アワインの約60%を生産する主要な産地です。グ
リューナー・ヴェルトリーナーやリースリングの白が有
名です。また、東部のブルゲンラント州は世界屈指
のデザートワインの産地。ノイジードル湖周辺で収穫
されたブドウから貴腐ワインを造っています。

オーストリア
生産地

ニーダーエスターライヒ
ウィーン
ブルゲンラント
シュタイヤーマルク

ワインの生産地としても有名な
ニーダーエスターライヒ州には
「ヴァッハウ渓谷」があり、世界
遺産に登録されています。

② オーストリアのワインについて教えて！

A 有名なエピソードに
「ジエチレングリコール事件」があります。

ワインにガソリンの不凍液を混入する不正を行った事件です。1985年に最大の輸出先であったドイツで発覚しました。不作の年に無理な輸出契約を死守すべく、味わいにまろやかさと果実味を加えるため組織的に手を染めたものでした。この事件はワイン史上最大のスキャンダルの１つに数えられています。

③ その後、オーストリアワインはどうなったの？

A 信頼は失墜しましたが、いまでは回復しています。

オーストリアワインの信頼は失墜し、翌年の輸出量は約9割も激減しました。事件後は取締りを強化して畑の再整備を行い、厳格な原産地呼称制度を導入して、品質向上に努めました。そして、2001年に輸出量は回復し、ワイン名産国の地位を取り戻しました。現在の興隆は、信頼回復の汗と涙の結晶と言えるのです。

④ オーストリアの庶民は
ワインをどうやって楽しんでいるの？

A 「ホイリゲ」で楽しんでいます。

「ホイリゲ」というのは、オーストリアワインの新酒のこと。フランスで言えばヌーボーです。炭酸ガスを含むピチピチした口当たりが爽やかです。オーストリアには「ホイリゲ」というワインの造り手が営む居酒屋があります。そこでは出来立ての新酒を飲ませてくれることで知られています。

Radiokafka / Shutterstock.com

オーストリアの首都ウィーンにも実はワイン畑がありますが、「ホイリゲ」と呼ばれるワイン酒場もたくさんあり、ウィーンの人たちは気軽にワインを楽しんでいます。

Q

ヨーロッパの
ほかの国のワイン
について教えて！

ハンガリーのセンテンドレの旧市街には
レストランやコーヒーショップなどが立ち
並んでいます。また、センテンドレには、
220年前のワインセラーを利用したワイ
ン博物館があります。

A

ハンガリーには、
「糖蜜のような」という
意味のワインがあります。

ハンガリーの「トカイ・エッセンシア」は、「糖蜜のような」「シロップのような」の意味
をもつ貴腐ワインです。

世界３大貴腐ワインの生産地は、フランスとドイツと……。

ハンガリー北東部のトカイ地方で造られる貴腐ワイン『トカイ・アスー』は、
世界的に有名な甘口白ワインで、「アスー」には「糖蜜のような」という意味があります。
なかでも最上級の『エッセンシア』は「世界３大貴腐ワイン」の１つとして讃えられています。
フランスのルイ14世は、この甘口を「ワインの王」と呼んだそうです。
暑い夏と暖かい秋、そしてティサ川が貴腐菌を発生するのに最適な条件となっています。
現在は『トカイ・アスー・エッセンシア』の表記は廃止になり、『トカイ・エッセンシア』と呼ばれています。

① 世界３大貴腐ワインって？

A 貴腐ワインの最高峰とされる３銘柄の総称です。

ハンガリー・トカイ地方の『トカイ・エッセンシア』のほか、フランス・ボルドー地方の『ソーテルヌ』、ドイツの『トロッケン・ベーレン・アウスレーゼ』の３つが「世界３大貴腐ワイン」と呼ばれ甘口ワインの最高峰とされています。

② ハンガリーのワインは世界的にも有名？

A 伝統ある生産国の１つです。

ハンガリーワインはかつて、オーストリアやハンガリー帝国の王族・貴族にも愛されていた伝統あるワイン生産国の１つです。しかし、冷戦中のソ連支配下で歴史あるブドウ畑は国の管理下におかれ国際舞台で存在感を失いました。冷戦終結後、国を挙げてワイン造りに取り組み、昔のような華やかさが戻りつつあります。

トカイのブドウ畑は
ハンガリーの世界遺
産の１つです

ギリシアのアドリア海南部にあるイオニア諸島には、7つの小さな島々があります。その中のケファロニア島の辛口白ワインは有名です。

Q3 ハンガリー以外のヨーロッパで、注目すべき国は?

A ギリシアです。
古代起源の個性的なワインが造られています。

ギリシアはヨーロッパワインの源となった世界最古の産地の1つです。ギリシアのクレタ島、サントリーニ島、キプロス島にある遺跡からワイン造りの形跡が発見されており、また、ギリシアやキプロスなど全般で、ワインは飲まれていたと考えられています。しかし、オスマン帝国の占領後、騒乱の歴史をくぐり、1981年のEC加盟までワイン産業は停滞してしまいました。ですが、その間にもアシルティコなどさまざまな土着の品種が生き延び、今では古代に起源をもつ個性的なワインが造られています。

Q4 古代起源のワインについてもう少し詳しく教えて!

A 「レッツィーナ」という松脂入りワインがあります。

古代ギリシア人は、ワイン用の壺「アンフォラ」の内側に水漏れやワインの酸化防止のために、松脂を塗っていました。今でも白ワインやロゼワインには「レッツィーナ」と呼ばれる松脂風味のワインがあります。国民に人気で地元消費のほか、観光客向けのワインとなっています。

Q

ヨーロッパのワインに
影響を与えた人物は？

イギリスのワデストン・マナーは
ロスチャイルド男爵によって作られ
た豪華絢爛な屋敷。庭園にはロス
チャイルド・ワイナリーのワインが
味わえるレストランもあります

A
ジェームズとネイサンの
2人のロスチャイルドです。

ワインの王「ロートシルト」の名前の由来となった2人。

メドック格付けシャトーである「ラフィット・ロートシルト」と「ムートン・ロートシルト」。
「ロートシルト」とは、ヨーロッパの財閥一族「ロスチャイルド」のドイツ語読みです。
一族の礎、マイヤー・アムシェル・ロートシルトの息子、ジェームズとネイサンは、
それぞれ19世紀にイギリスとパリの金融界で活躍しました。
それぞれの家が、当時困窮していた貴族から買収したのが、
ラフィットとムートンの2つのロートシルト家名のシャトーでした。

フランス王族のワインのエピソードを教えて！

A ルイ14世の愛人・ポンパドール夫人は、
ロマネ・コンティにそっぽを向かれました。

ルイ14世の愛人として知られるポンパドール夫人は、ブルゴーニュの評判のブドウ畑である「クロドサンヴィヴァン」
の買収を狙います。これを出し抜いて手に入れたのがコンティ公。この畑が後の『ロマネ・コンティ』です。怒っ
た夫人は宮廷からブルゴーニュワインを一掃し、ボルドーのシャトーラフィットを寵愛してシャンパーニュを宮廷で流行
らせました。

ロマネ・コンティの畑がある辺り
では2000年前のローマ時代か
らブドウの栽培とワイン造りが行
われてきました。当初から極上の
ワインを生み出すこの地に、ロー
マ人が「ロマネ」という名を付け
たと言われています。

ロバート・パーカー・Jr の出身地の
ボルチモア（アメリカ・メリーランド
州）のチャールズ村は、カラフルな
長屋があることで有名です。

Q2 ワインを語るときに、欠かせない著名人はほかにもいる？

A ロバート・パーカー・Jrは、パーカーポイントという評価を制定しました。

ワイン評論家のロバート・パーカー・Jr氏が「ワイン・アドヴォケイト」誌上でつける100点満点の評価がパーカーポイントです。もともと弁護士だった氏は、ワイン好きが高じて1978年にバイヤー向けに同誌を発行すると支持を集め、ワイン界で大きな影響力をもつようになりました。20世紀後半に台頭したワインジャーナリズムの代表と言えます。

オールドワールドとニューワールドの違い

　ここまで、ヨーロッパのワイン生産国についてご紹介してきました。ワインの多様性は、市民の生活に合わせて変化してきたから生まれるのですが、それだけ日常に密接した発展を遂げているのです。

　しかし、あまりにも密接すぎるために、ヨーロッパの伝統国のワインは、ユーザーの知りたいことがラベルに表記していなかったり、ボトルの使い勝手がいまいちなところがあります。

オールドワールドラベル

生産地 —— Bourgogne
　　　　　Appellation Contrôlée

銘柄名 —— LEROY

ニューワールドラベル

銘柄名 —— SHAW SMITH

ブドウ品種 —— Sauvignon Blanc

収穫年 —— Adelaide Hills 2006　750ML

　このワインはACブルゴーニュというワインですが、ラベルには大きくブルゴーニュと記載はあっても肝心のブドウ品種が記載されていません。ワイン通の方であれば、「これはブルゴーニュ産で、シャルドネを使ったワインなんだ」と知っています。

　しかし、知らないとこれをいちいち調べなければならないのです。フランスワインのラベルは、ワインの銘柄とブドウ品種や産地の紐づけを購入者がすることになっているのです。これではワイン初心者にしてみれば、敷居が高いなあと思ってしまうのも仕方がありません。

　では、なぜこのような形になったのでしょうか。伝統的な生産国では、ワインは土地に根差したものという考えが強く、ブドウ品種やワインの味わいは、その土地からおのずと導かれるという不文律があるからなのです。

　ニューワールドは、第二次世界大戦以降の新しい国際秩序の形成後に本格的に台頭したワイン生産国のことを指します。アメリカやオーストラリア、ニュージーランドやチリ、南アフリカなどが挙げられます。これらの国ではラベルのいちばん大きな記載は銘柄をブドウ品種です。ブドウ品種がわかれば、ある程度の味わいを想像できるので、こちらのほうが便利ではありますね。

　また、フランスのブルゴーニュでは、わずか1ヘクタール程度で銘柄の区分が変わることがあるのに対して、ニューワールドではそこまで細かい地域割りをしていません。これは、微細な地域環境を表示してユーザーに細かい情報を与えるよりも、ざっくりとわかりやすい制度のほうが、メリットが大きいと判断したからなのです。

消費者を第一に考えた、
ニューワールドの技術力。

　土地に根差したワインづくりが根本にある、伝統的な生産国のワイン制度と、消費者にとってのわかりやすさを優先させたニューワールドとでは、はっきりとした対比がみられるのがワインの面白いところです。

　実は、ラベル以外にもオールドワールドとニューワールドには違いがあります。いちばんわかりやすいのはスクリューキャップの存在です。

　スクリューキャップは、日本のコンビニワインによく見られ、キャップをひねれば開けられますので便利です。スクリューキャップはニューワールドでは普通に用いられているのですが、伝統的な生産国ではあまり浸透していません。

　私が2020年1月にフランスへ訪れた際、パリの普通のスーパーで買い物をしようとしたら、棚に並ぶワインにスクリューキャップが1つもなかったことに驚いた記憶があります。

　スクリューキャップは、便利で衛生的です。また、コルクは木材を使用するため環境への配慮という点でもスクリューキャップに軍配が上がります。ですが、伝統や権威性という面ではコルクに優位性があり、やはりスクリューキャップでは見劣りがするものです。実はフランスにも積極的にスクリューキャップを採用しようという流れがありました。しかし、スクリューキャップを採用している生産者は今でもわずかです。

　ニューワールドは、歴史こそ伝統的生産国にはかないませんが、そのぶん、最新の技術や設備を導入しやすい気質があります。そしてマーケットに受け入れやすいワイン造りをすることで、国際マーケットで支持を得られるようになるのです。

パリ万博の第一共和制布告の記念晩餐会は大統領主催で行われました。写真は、そのときの「1900年の宴」の様子。

Q

アメリカ最大の
ワイン産地はどこ?

カリフォルニアには、乾燥した夏と冷涼で雨の多い冬の地中海性気候の地域が多く、また亜寒帯気候に入る地域もあります。そのため多様なワイン造りに適していました。写真は、カリフォルニア州モントレー郡にある、ビクスビー・クリーク・ブリッジと海岸です。

A
カリフォルニアです。

ヨーロッパに引けを取らない
アメリカ最大のワイン産地。

カリフォルニアは、イタリア全土をしのぐ広大な土地でブドウが栽培される、
アメリカ合衆国で最大のワイン生産地です。
世界第4位の生産量を誇るアメリカワインの9割はカリフォルニアで生産されています。
恵まれた陽光、海からの風、そして霧は、
例えるなら地中海からドイツに及ぶ多様な栽培環境を生み出し、
ヨーロッパ系品種を育てるのに絶好の土地でもあります。
栽培醸造技術や新ブドウ品種の開発も絶え間なく行われています。

カリフォルニアで
ワイン造りが始まったのはいつ?

A ゴールドラッシュの時代です。

19世紀中頃、カリフォルニアではゴールドラッシュで人が増えると共に、北アメリカ初のヨーロッパ系ブドウ品種の栽培に成功しました。ここにワイン産業が起こります。禁酒法で産業は一時崩壊しますが、ミサ用の生産が生き残り、第二次世界大戦後の高い需要の伸びに支えられ現在のように発展しました。

② どんなブドウ品種が使われているの?

A ヨーロッパ系の品種が多いです。

カリフォルニアでは、ヨーロッパのブドウが多く使われています。黒ブドウはカベルネ・ソーヴィニヨン、メルロー、シラー、ピノ・ノワール。白ブドウはシャルドネ、ソーヴィニヨン・ブランなど。また、カリフォルニア独特のジンファンデルという黒ブドウ品種からは、果実味が非常に豊かで重量感のあるワインが造られています。

ナパヴァレーはカリフォルニアワインの産地で、広大なブドウ園や大小のワイナリーが存在します。

Q③ どんなワインが造られているの？

A 日常消費用からプレミアムワインまで生産されています。

北部のノースコーストでは、海からの風でブドウがゆっくり熟していくプレミアムワインが造られています。中央部のセントラルヴァレーでは、日照量に恵まれているので、日常消費用のバルクワインが大量生産されています。熟成にはバーボン用のオーク樽が使われ、熟成時に生まれるココナッツのようなアロマが人気です。

Q④ カリフォルニアで有名なワインを教えて！

A 「オーパス・ワン」が有名です。

「オーパス・ワン」とは、「カリフォルニアワインの父」である、ロバート・モンダヴィ氏とムートン・ロート・シルトが立ち上げた、同名のジョイントベンチャーが造るアメリカの最高級ワインです。手摘みのブドウから約3年かけて造られる赤ワインは魅惑的な香りとベリー系の味わいが楽しめます。

ワイン産地でも有名なノースコーストは、のどかな海岸地域です。写真は、カリフォルニアのモントレー湾。

Q

アメリカワインは
ヨーロッパワインと
比べて劣るの？

1848 年以降のカリフォルニア・
ゴールドラッシュにより、人口が
増加しワイン需要が広がっていき
ました。写真はカリフォルニア州
サンタ・イネスのブドウ畑。

A
「パリスの審判」で
カリフォルニアワインは
フランスワインに
勝利しました。

世界的に認められた
出来事がありました。

1976年、パリでフランスワインとカリフォルニアワインのブラインドテイスティングが開催されました。
当時、世界に認知されつつあったカリフォルニアワインでしたが、
フランスなどヨーロッパの伝統国は自分たちには及ばないと高を括っていました。
ところが結果はカリフォルニア勢が勝利しました。
「パリスの審判」と呼ばれるこの出来事によって、
カリフォルニアワインの品質の高さが世界で証明されたのです。

Ｑ 審査はどんな風に行われたの？

Ａ 銘柄を伏せて、ワインのテイスティングをしました。

審査員がすべての銘柄をテイスティングして点数をつけ、その平均点で競いました。ワインは事前にグラスに注がれた状態で、銘柄がわからないようにして出されました。審査員は、当時のフランスを代表するグルメ界の重鎮で、もっとも威厳のあるメンバー。フランスが有利な状況でのカリフォルニアワインの圧勝だったのです。

Matthew Clemente / Shutterstock.com

「パリスの審判」で優勝した白ワインを製造しているシャトーモンテレーナワイナリー。

ルーベンス作「パリスの審判（三美神）」の絵。「パリスの審判」とは、ギリシャ神話で3美神のうちで誰がいちばん美しいかを判定させられたというもの。タイム誌が、テイスティングの開催地パリ（Paris）と、ギリシャ神話の登場人物パリス（Paris）の名前をかけて、『パリスの審判（Judgment of Paris）』と報じました。

Q2 アメリカのワインの方が、本当に美味しかったの？

A フランスワインに劣らない品質でした。

カリフォルニアでは、1960年代にロバート・モンダヴィ氏が醸造技術を革新させ、戦略的なマーケティングを行った結果、ワイン産業が大きく飛躍しました。1970年代頃から、フランスで本場の味を知ったビジネスエリートにも評価されるワインが出始め、品質はフランスに引けをとらなかったと言います。

Q3 その後の影響はどのようなものだったの？

A カリフォルニアワインは一気にスターダムにのし上がりました。

「パリスの審判」をタイム誌の記者が報道し、世界中に知れ渡りました。カリフォルニアワインは一気にスターダムにのし上がり、ニューワールドの生産者に夢と勇気を与えました。一方、負けたフランスワインが評価を下げたかというと、そういうことはありませんでした。

Q

カリフォルニアワインについて
もっと教えて！

カルトワインが造られるナパヴァレーの土
壌は、1億5千万年前の地質活動によっ
て生まれた火山性と海洋性の2種類から
構成されていると言われています。その結
果、多種多様な土壌が生まれ、「土に合わ
せたブドウ」を生産するようになりました。

A
世界から認められる
超・高級ワイン
「カルトワイン」があります。

フランスに勝るとも劣らない、高級ワインの産地です。

1980年代、カリフォルニア州ノースコーストのナパヴァレーでは、
定年後にワイン造りを始める富裕層が現れて多くの資本を注ぎ込み、
趣味の域を超えた高品質なワインが生み出されるようになりました。
その結果、熱狂的なファンを獲得することに成功。それが「カルトワイン」です。
1997年には、カルトワインの5銘柄がパーカーポイントで100点満点を獲得し、
名実共に世界のスーパープレミアムワインになったのです。

ブティックワイナリーってなに？

A 小規模ながら高品質のワインを造るワイナリーのことです。

1970年代のカリフォルニアでは、家族経営のように小規模ながらも、高品質なワインを造るワイナリーが現れるようになりました。高級ワインの産地として名高いナパヴァレーでは、このような「ブティックワイナリー」が立ち並び、その中からカルトワインが生まれているのです。ナパヴァレーにあるワイナリーの多くは、オーク樽でワインを熟成させています。「ナパヴァレー」の「ナパ」は、先住民の言語に由来し、「魚」を意味するとされたり、「馬」を意味するとされたりと諸説あります。

カリフォルニアの主なワイン生産地

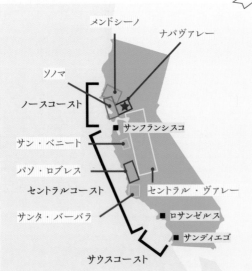

1919年に、カリフォルニア州が禁酒法を進め、約700もあったワイナリーの大半が撤退を余儀なくされました。例外として聖礼典用ワインの生産や、ブドウ栽培は禁止されていなかったことを利用し、生食用ブドウやブドウジュースの生産に転換して生き延びたブドウ畑やワイナリーもいました。ですが、禁酒法下でも家庭での飲用目的であれば年間780リットル以下のワイン生産が許されており、自家製ワインの生産は盛んに行われていたと言われています。

いっぱいあるね～

ワシントン州コロンビア川近くにあるワイナリー。この辺りは、ワイン用ブドウの栽培面積が2万ヘクタールを超え、アメリカの代表的なワイン産地の1つです。

② カリフォルニア以外にも、アメリカにワインの産地はある?

A オレゴン、ワシントン、ニューヨークなどで造られています。

オレゴン州ではブルゴーニュの造り手が進出し、ピノ・ノワール主体のワインを造っています。ワシントン州にはパーカーポイントで満点を獲得した「クイルシーダ・クリーク」があります。ニューヨーク州のハンプトンでは、ニューヨーカーがリッチに過ごす傍らで、オーガニック醸造に挑戦しています。

③ トランプ大統領が所有するワイナリーがあるって本当?

A バージニア州にあります。

バージニア州にはトランプ大統領が所有する「トランプワイナリー」があります。バージニア州は、近年、注目を集めている産地であり、フランスのオランド前大統領を招いたホワイトハウスの公式晩餐会では、バージニア産のスパークリングワインが提供され、知名度が上がりました。

カリフォルニアで有名な「ボーリュー・ヴィンヤード」は、アメリカ政府の公式晩餐会やホワイトハウスでも60年以上愛顧にされているワインです。

Q

日本で、ワイン輸入量が
いちばん多い国はどこ?

チリのコキンボ地方にあるエルキ・ヴァレーは、チリの有名なワイン産地の1つです。チリワインの多くは日本のコンビニやスーパーに並ぶデイリーワインです。

A
南米のチリです。

2016 年にチリが日本最大の輸入国となりました

フランスで絶滅した品種が、チリ産赤ワインの顔です。

チリワインの多くは、スーパーやコンビニに並ぶお手頃なデイリーワイン。
おかげで日本でも日常生活にワインが馴染んできました。
かつては「安いだけ」と見られていたチリワインですが、
チリは、気候条件に恵まれたブドウ栽培に最適な地。
ポテンシャルのある現地ワイナリーに投資が進んだ結果、
品質が向上し、「安くて美味しい」と国際的な評価を高めていきました。

① チリワインが安いのはなぜ？

A 日本では、チリからの輸入関税が0％だからです。

恵まれた陽光、太平洋の風、アンデス山脈からの冷涼な空気がブドウの生育に絶好の環境をもたらし、広大な平地は機械の導入にも有利でした。チリには、美味しいブドウをたくさん造れるポテンシャルがもともとあったのです。日本ではEPAによりチリワインの輸入関税が2019年から0％になり、一層安く輸入できるようになりました。

② チリワインに使われている 品種について教えて！

A フィロキセラで絶滅した品種も生き延びています。

フランス品種は19世紀にチリへ多く渡りました。フィロキセラから逃れた醸造家が、雨が少なく病害が少ないこの地を新天地としてもち込んだためです。そのため故国で絶滅した品種も一部この地で生き延びました。チリの赤ワインの顔である「カルメネール種」は、原産地フランスでいまはほとんど見ることはありません。

フィロキセラは別名「ブドウネアブラムシ」と言い、ブドウの樹の葉や根にコブを生成してブドウ樹の生育を阻害し、やがて枯死させてしまう昆虫です。

本当に大敵!!

チリの主なワイン生産地

細長〜い

チリは南北に細長い国のため、地域により気候が大きく違います。アコンカグア地方は、昼夜の寒暖差が大きく、ブドウ造りに恵まれた気候です。また、海と山、砂漠と氷河といった自然が、天然の障壁となり害虫被害からブドウを守っています。

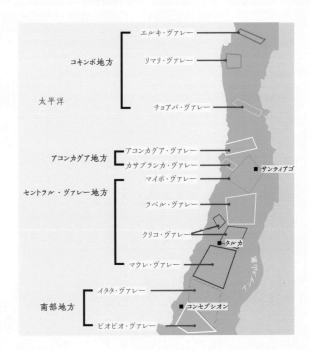

エルキ・ヴァレー

リマリ・ヴァレー

コキンボ地方

太平洋

チョアパ・ヴァレー

アコンカグア・ヴァレー

アコンカグア地方

カサブランカ・ヴァレー

■ サンティアゴ

マイポ・ヴァレー

セントラル・ヴァレー地方

ラペル・ヴァレー

クリコ・ヴァレー

■ タルカ

アンデス山脈

マウレ・ヴァレー

イタタ・ヴァレー

南部地方

■ コンセプシオン

ビオビオ・ヴァレー

③ コンビニで見るチリワインにはどんなワインがある?

A 「アルパカ」や「サンライズ」がよく知られています。

太陽がトレードマークの「サンライズ」は、スペインの名門貴族ドン・メルチョー氏が創業したチリ最大のワイナリー「コンチャ・イ・トロ」社が造っています。アルパカのマークで有名な「アルパカ」は日本での輸入銘柄トップとなった「サンタヘレナ」社が造っています。いずれもリーズナブルで安定した品質のワインです。

④ ほかにも特徴的なマークのワインはある?

A 「コノスル」という自転車マークのワインがあります。

チリの中でも特に安くて美味しいのが「コノスル」です。テクノロジーを駆使して、革新的なワインを造っています。オーガニック農法にも取り組み、ブドウ畑は自転車で回る徹底ぶり。その意気込みを表し、また、ペダルをこいで労働に勤しむワーカーへの敬意を込めて、自転車がコノスルのシンボルとなっています。

写真は「コノスル―ビシクレタ・レゼルバ カベルネ・ソーヴィニヨン」。

Q

チリの隣、
アルゼンチンのワインも
有名なの?

アルゼンチン、メンドーサ州にある
ワイナリー。マルベックなどの赤ワ
インで有名です。

A
世界第6位の
生産量を誇ります。

お隣のチリの世界的なワイン造りの成功に触発されて、国際品種のブドウへの植え替
えが進み、近年日本のスーパーなどでもチリ産のワインを見かけるようになりました。
全体的に色が濃く渋みの強いワインが多いのが特徴です。

ボルドーで忘れられた品種が、世界から注目されています。

Q チリの隣、アルゼンチンのワインも有名なの？

アルゼンチンはワインの生産量が多く、2017年は世界で第6位でした。
新興国の中では歴史が古く、アンデス山脈の麓で造られる色が濃く力強い赤ワインは、
南米一帯でテーブルワインとして好まれていました。
1990年代のチリワインの世界的成功に刺激を受けて世界各国からの投資を受け入れ、
近代的な醸造施設を整えて高品質ワインを提供するようになりました。
いまでは、将来、チリワインを追い抜くかもしれない存在として注目されています。

アルゼンチンで有名な産地はどこ？

A メンドーサ州です。

アンデス山脈の高地にあるメンドーサ州が有名です。高地砂漠気候で、日中は日照と暖かさに恵まれ、夜は気温が下がり、熟度と酸味のバランスがとれたブドウが育ち、飲みごたえのあるワインが造られています。また、乾燥した気候は害虫の被害も抑えてくれ、ワイン国内生産量の実に80％にもなります。

メンドーサ州はワイン産地として有名ですが、ブドウ栽培するにあたっては非常に乾燥した地域です。ワイン産地の過酷さを数値化した「グローバル・ワイン・リスク指数」では世界一を記録しています。

メンドーサのブドウ園から見えるアンデス山脈。アンデス山脈から吹くハリケーン級の強風「ソンダ」は、ブドウの開花時期を狂わせ、アルゼンチンワインを生産する上で深刻な問題を起こしています。

② 乾燥した高地でどうブドウを育てたの？

A 大規模な灌漑施設を整備しました。

アンデス山脈には豊富な雪解け水があります。初期にブドウ栽培を始めた宣教師や入植者は、複雑な灌漑水路やダムを建設し、この水を引き込んで利用しました。結果としてミネラル分が豊かなワイン造りができるようになりました。アルゼンチンは、高地での大規模な灌漑によって成功した世界でもまれなワイン産地なのです。

③ アルゼンチンの代表的な品種は？

A フランス原産のマルベックがあります。

アルゼンチンの赤ワインの象徴が「マルベック」。濃い赤色と強い味わいが特徴です。その昔はボルドーの主要品種でしたが、次第に脇へ追いやられ故国では忘れ去られた品種です。アルゼンチンでは素晴らしく成熟し、際立った個性と複雑さをもったワインとして世界中から注目されています。

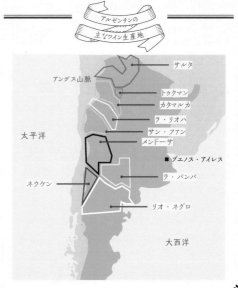

アルゼンチンの主なワイン生産地

- サルタ
- アンデス山脈
- トゥクマン
- カタマルカ
- ラ・リオハ
- サン・フアン
- メンドーサ
- 太平洋
- ■ ブエノス・アイレス
- ラ・パンパ
- ネウケン
- リオ・ネグロ
- 大西洋

Q

オーストラリアでも
ワインは造られているの?

ビクトリア州のヤラ・ヴァレーの上空を飛ぶ熱気球。オーストラリアワインは、1788年にイギリスからブドウの樹がもち込まれたことが始まりです。

A
ビクトリア州の
「ヤラ・ヴァレー」などで、
造られています。

オーストラリアのワイン造りは、200年以上の歴史があります。

イギリス人がオーストラリアに初めてブドウの樹を植えたのは1788年。
ヨーロッパ品種で商業栽培が始まったのは1800年代です。
地中海性気候に恵まれ、19世紀末には高品質ワインが造られるようになりました。
2017年の生産量は世界第5位で、食前酒などで飲まれるテーブルワインのほか、
広大な土地の多様な気候風土を活かした個性的なプレミアムワインも造られ、
質・量共に充実した成熟期にある新興国と言ってよいでしょう。

Q どんなブドウ品種を栽培しているの？

A 特徴的なのはフランス原産の「シラーズ」です。

ブドウ栽培面積の第1位は、力強い赤ワインを造る「シラーズ」。フランスでシラーと呼ばれるこの品種を栽培する
ニューワールドの国は珍しく、ほかにも、赤はカベルネ・ソーヴィニヨン、白はシャルドネやソーヴィニヨンブランなどヨー
ロッパの伝統を受け継ぐブドウ品種が多く栽培されています。

ワイン産地のアデレードには、
オーストラリア国立ワインセン
ターがあります。

ymgerman / Shutterstock.com

② 有名な産地を教えて！

A マーガレット・リヴァー、バロッサ・ヴァレーなどが有名です。

オーストラリアには、各地の気候風土に合わせた多様な産地があります。南西部の「マーガレット・リヴァー」は、カベルネ・ソーヴィニヨンの高品質ワインが有名です。中央部の南「バロッサ・ヴァレー」は「シラーズの首都」と呼ばれ、150以上のワイナリーが集まる一大産地。本土最南端の冷涼なビクトリア州にある「ヤラ・ヴァレー」は、同国最高級のピノ・ノワールを生産しています。

③ オーストラリアワインの特徴は？

A 「スクリューキャップ」はオーストラリアが発祥です。

新しい試みに積極的な姿勢をもつオーストラリア。その1つがワインの瓶に栓をするステンレス製の「スクリューキャップ」です。オープナーなしで手軽にワインが開けられ、コルク資源も無駄にならないので旧世界でも採用され始めています。スクリューキャップはオーストラリアのクレア・ヴァレーが発祥とされています。

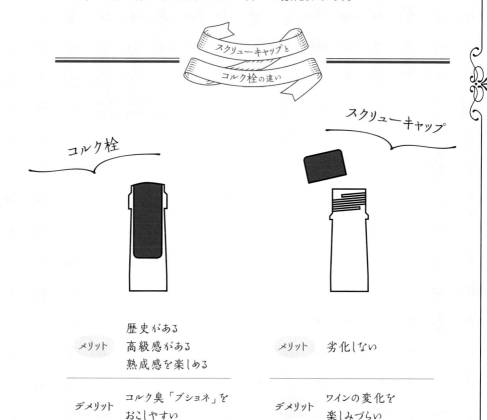

スクリューキャップと
コルク栓の違い

コルク栓

スクリューキャップ

	コルク栓		スクリューキャップ
メリット	歴史がある 高級感がある 熟成感を楽しめる	メリット	劣化しない
デメリット	コルク臭「ブショネ」を おこしやすい	デメリット	ワインの変化を 楽しみづらい

Q

世界最東端の
ワインの産地は?

キスボーンは、ニュージーランドで
最も日照時間の長い生産地の１つ。
シャルドネから造られる、果実味あ
ふれる、世界的に評価を受けるワイ
ンが楽しめます。

A
ニュージーランド北島の北東部、
海岸部地区の「ギズボーン」です。

2000年代に急速に展開した
ワイン新興国です。

ニュージーランドは北島と南島の2つの島が縦に連なっています。
ブドウの栽培地は、冷涼な南島から比較的温暖な北島まで南北に分布し、
それぞれの気候風土にあった品種を育てています。そのほとんどはヨーロッパ系の品種。
とりわけ南島は、ヨーロッパの冷涼で湿気が多いエリアの気候に似ていて、
新興国ならではの最新技術によるモダンな個性と伝統産地の面影を併せもつ、
ニューワールドの中でも際立ったワインが造られています。

ニュージーランドワインはいつから有名？

A ニュージーランドワインはここ20年で
劇的な発展を遂げました。

いまの発展の礎を築いたのは1960〜70年代。理想的な環境に気づいた若手の醸造家たちが高品質なブドウ品種を栽培し始めたことがきっかけです。1980年代には世界のワインコンクールで優勝する銘柄も現れ、投資が集まり、世界の醸造家が本格的なワイン造りを始め、ここ20年で劇的な発展を遂げたのです。

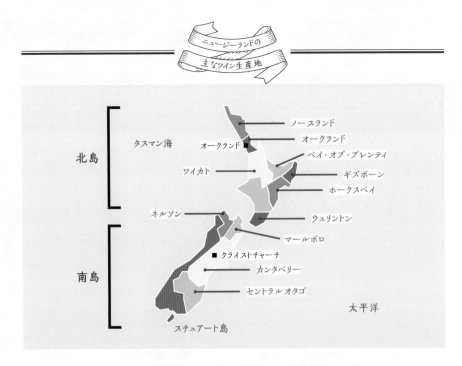

ニュージーランドの
主なワイン生産地

ニュージーランド南島ワナカにあるブドウ畑。ニュージーランドでワイン造りが始まったのは、1852年。1875年ごろには南島でもワインの生産が始まりました。

② どんなブドウ品種を育てているの?

A 「ソーヴィニヨン・ブラン」が有名です。

特に評価が高いのは「ソーヴィニヨン・ブラン」。本家ロワールに似た辛口ながらもトロピカルフルーツとハーブのアロマが特徴です。また、栽培の難しい「ピノ・ノワール」にも本家ブルゴーニュのような気品があります。ほかにもカベルネ・ソーヴィニヨン、メルロー、シャルドネなどのヨーロッパ品種から高品質なワインが造られています。

③ 有名なワイン産地を教えて!

A マールボロ地方やセントラルオタゴ地方が有名です。

南島にある「マールボロ」地方はニュージーランド最大の産地。この地で造られるソーヴィニヨン・ブランは、同国ワインの代名詞となり、ワイン産業発展の原動力になりました。また、同じ南島のセントラルオタゴ地方は、ニュージーランドで標高が最も高く、高品質のピノ・ノワールを生産している世界最南端のワイン産地です。

南島のセントラルオタゴ地方は、ワイン産地として世界で最南端に位置し、白ワイン・赤ワインどちらも有名です。

Q

アフリカ大陸でも
ワインは造られているの？

南アフリカのブドウ栽培面積の約
95％が中心都市のケープタウンに
集中しています。

A
南アフリカでは
美味しいワインが
造られています。

カリフォルニアより100年早く、ワイン生産が始まりました。

アフリカ大陸のほとんどの国はワインを造るには暑すぎますが、南アフリカは違います。
最大の産地・西ケープ州は地中海性気候に属しており、その中心都市ケープタウンは、
南緯33度で、オーストラリア南部、チリ、アルゼンチンと同じです。
実は南アフリカは、ニューワールドの中でいち早くヨーロッパ系品種の栽培に成功し、
18世紀にはヨーロッパの君主の食卓を飾りました。
南アフリカのワインは、ヨーロッパに渡った最初のニューワールドワインなのです。

① 南アフリカでワインが生産されるようになったきっかけは？

A 17世紀にオランダ人がブドウを植えたのがはじまりです。

17世紀、南アフリカで初めてブドウを植えたのは、この地に航海の中継基地を建設したオランダ人です。初のワイン醸造は1659年で、カリフォルニアより100年も早くスタートしています。その後、17世紀後半にフランスのプロテスタント教徒、ユグノーが移住してフランス式を導入し、さらなる発展に成功しました。

② 南アフリカワインの特徴を教えて！

A 世界に名高い甘口ワインが有名です。

17世紀に開墾された「コンスタンシア」という畑から造られる甘口ワインが、世界の名酒として知られています。マスカットの香りの濃厚なデザートワインで、ヨーロッパの王侯貴族たちにこよなく愛されました。現在でも国際ソムリエコンクールの決勝の実技で取り上げられるほど、その品質は知られています。

南アフリカのワイナリーを代表する「ディステル」のワイン「ネダバーグ」は、1791年にオランダ東インド会社総督ネダバーグ将軍がドイツ移民にワイナリー用の土地を提供したことにより、感謝の証として将軍の名前を冠しました。

西ケープ州のステレンボッシュのブドウ畑。西ケープ州には5つの主要なワイン産地があり、春から夏にかけて「ケープドクター」と呼ばれる乾燥した風が吹きます。

③ 産地として耳にするようになったのが、最近の気がするのはなぜ？

A アパルトヘイトの経済制裁で、輸出制限を受けていたためです。

南アフリカはイギリス領となってからワイン生産が衰退傾向となり、その後、生産者組合の統制下で画一的な生産を行う時代が続きました。1990年代のワインブームのときは、アパルトヘイトへの経済制裁で、ワイン輸出制限を受けていました。アパルトヘイト撤廃後に堰を切ったように大小ワイナリーが出て往時の勢いを取り戻したのです。

④ いまはどんなワインを造っているの？

A 「シュナンブラン」などからヴァラエタルワインを造っています。

南アフリカで最も成功している品種は白ブドウの「スティーン」。ロワール原産でフランスでは「シュナンブラン」と呼ばれています。南アフリカ独自の品種「ピノタージュ」は凝縮感のある赤ワインを生みます。これら2品種のほか、数多くのヨーロッパ系品種から高品質なヴァラエタルワイン（単一品種ワイン）が造られています。

Q

近年、世界から
日本のワインが
注目されているって本当？

日本で初めてワイナリーができたのは明治時代。その後、ワイン文化が発展し、いまでは日本全国で200ものワイナリーがあると言われています。その中でも「日本ワイン」で有名な「サントリー登美の丘ワイナリー」からは広大な富士山が望めます。

A
国際的なワインコンクールで
賞をとる国産ワインも
出てきています。

世界のワインの多様性に、日本のワインが彩りを添えます。

かつて日本はワイン産地としての評価は高くありませんでした。
しかし近年、日本独自の品種である「甲州」や「マスカットベリーA」が、
国際ブドウ・ワイン機構で醸造用品種として正式に登録され、
国際的なワインコンクールで賞をとる国産ワインも現れ、世界から注目され始めています。
1990年代の本格的なワインブームで造り手が刺激を受け、
海外で醸造を学ぶ若手や自社で畑を管理するワイナリーが増えていることが背景にあります。

① 「甲州」や「マスカットベリーA」って、どんなブドウ？

A 「甲州」は古くから伝わる品種で、「マスカットベリーA」は日本人が作った品種です

「甲州」は山梨県・勝沼に1000年以上前から伝わる品種。ヨーロッパ系の遺伝子をもち、グレープフルーツのような香りが特徴の辛口白ワインを生みます。「マスカットベリーA」は昭和初期に「日本ワインの父」川上善兵衛が海外の品種を交配して作ったブドウで、イチゴのような果実味が特徴の赤ワインを生みます。

② 日本の代表的なワイン産地はどこ？

A 国内最大の産地は山梨県。北海道、長野、山形も有名です。

国内最大の産地・山梨県では甲州やマスカットベリーAのワインが造られています。冷涼な気候の北海道はケルナーなど、ドイツ系品種のワインを、山々に囲まれた長野県はメルロやシャルドネなどのフランス系品種のワインが多いのが特徴です。果実王国の山形県でも「マスカットベリーA」のワインが代表的です。

日本固有品種には「甲州」、「マスカット・ベーリーA」以外にも、写真の「ブラッククイーン」があります。

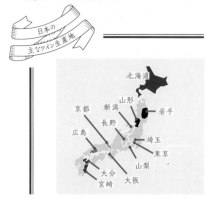

日本の主なワイン生産地

北海道
山形
岩手
新潟
京都
長野
埼玉
広島
東京
山梨
大分
大阪
宮崎

山梨県甲州市にある「まるき葡萄酒」は現存する日本最古のワイナリーです。ワイン醸造技術習得のために、日本人で初めてフランスに渡った土屋龍憲が明治10年に創業しました。

③ 日本で造られれば「日本ワイン」？

A 国産ブドウを100％使うなどの条件を満たしたワインです。

日本では2018年からラベル表示のルールが新しくなり、国産ブドウを100％使って日本国内で造られたワインのみを「日本ワイン」と表示できるようになりました。また産地や品種名などは一定の条件を満たせば表示できます。日本のどんな土地で育ったブドウなのかといったことが、以前よりわかりやすくなったのです。

④ 「日本ワイン」には これからどんな発展が期待できるの？

A 世界のワインの多様性に、
彩りを添えられる可能性があります。

ワインの魅力はその土地を反映した多様性にあります。日本にはユニークな和食文化があり、そこに寄り添うワインは世界の目を惹きます。日本にあった造り方で日本独自の品種に目を向け、ヨーロッパなどの品種であったとしても日本らしさを自然に反映し、日本のオリジナリティが、世界のワインの多様性に彩りを添えられるのが理想です。

おわりに

　いかがでしたでしょうか。ここまでで、「ワインのいちばんの魅力は多様性で、その根拠は市民性にある」ことが、少しでもご理解いただけたのではないでしょうか。

　日本のワイン市場は、2016 年にチリワインが輸入量トップになり、コンビニやスーパーに並び、ワインが一般市民に浸透していきました。しかし、ヨーロッパなどの伝統国やニューワールドでは、早くからワインは一部の特権階級の人だけでなく、一般市民にも当たり前のように浸透していたのです。そんな中、「ワインは舶来品で、高級で難しいもの」というイメージが、日本のワイン流通と顧客心理を長いこと拘束していました。しかし、ここ数年で潮目は変わり、数百円でもおいしくて飲みごたえがあるワインが、いつでも買えるまでに身近なものとなりました。今後も日本ワイン市場は発展し続け、将来的には、日本のワインが世界の多様性に彩りを添えられるようになるのではないでしょうか。

　そのときに、また新しいご提案ができれば望外の喜びです。

監修者プロフィール
前場亮（まえば　りょう）

1973 年生まれ。高校卒業後、飲食店で働き、23 歳でソムリエ試験に合格。26 歳でポートワインソムリエコンテストで全国 2 位を受賞し、29 歳でキュヴェ・ルイーズ・ポメリーソムリエコンテストで全国 2 位、翌年には同コンテストで優勝。2019 年 4 月に株式会社ワインブックスを設立。WEBで『ワインの教科書』(https://wine-kyokasyo.com/）を運営し、ワインについて解説している。

主な参考文献（順不同）

『ゼロから始める ワイン入門』メディアファクトリー

『ワインの歴史』河出書房新社

『大人のためのワイン絵本』日本文芸社

『世界のワインガイド』小学館

『最新版 ワイン完全バイブル』ナツメ社

『教養としてのワイン』ダイヤモンド社

『1時間でわかる大人のワイン入門』宝島社新書

『ワインの歴史』原書房

『基礎ワイン教本』柴田書店

『ワイン基礎用語集』柴田書店

『ワインの世界地図』パイインターナショナル

『ワインは楽しい!』パイインターナショナル

『歴史の中のワイン』文藝春秋

『知識ゼロからの ワイン入門』幻冬社

『ワインの基礎知識』新星出版社

『ビジュアルでわかる ワインの知識とテイスティング』誠文堂新光社

『世界ワイン図鑑』河出書房新社

『世界のワイン事典』講談社

『最新 基本 イタリアワイン』CCCメディアハウス

『スペインワイン図鑑』スサエタ社

『図解 ワイン一年生』サンクチュアリ出版

『日本のワインで奇跡を起こす』ダイヤモンド社

『厳選 日本ワイン&ワイナリーガイド』世界文化社

『新・日本のワイン』早川書房

『AERA』'19.12.3 No.55／朝日新聞出版

『週刊 エコノミスト』2014年12月2日特大号／毎日新聞社

『週刊 ダイヤモンド』2014年11月1日　ダイヤモンド社

クレジット一覧

カバー：rostislavsedlacek/123RF

P1：Delpixe ／ Shutterstock（シャッターストック）

P2：xflo（アフロ）

P4：logoboom ／ Shutterstock（シャッターストック）

P6：View Apart ／ Shutterstock（シャッターストック）

P8：Rostislav_Sedlacek ／ Shutterstock（シャッターストック）

P10：FERNANDO MACIAS ROMO ／ Shutterstock（シャッターストック）

P12：MIA Studio ／ Shutterstock（シャッターストック）

P13 上：Gilmanshin ／ Shutterstock（シャッターストック）
　　　下：パブリックドメイン

P14：Mark Borbely ／ Shutterstock（シャッターストック）

P16：PIXEL to the PEOPLE ／ Shutterstock（シャッターストック）

P17 上：leoks ／ Shutterstock（シャッターストック）
　　　下：David Hughes ／ Shutterstock（シャッターストック）

P18：Fenea Silviu ／ Shutterstock（シャッターストック）

P21 上：hfng ／ Shutterstock（シャッターストック）
　　　下：welcomia ／ Shutterstock（シャッターストック）

P22：bondvit ／ Shutterstock（シャッターストック）

P24：Africa Studio ／ Shutterstock（シャッターストック）

P25：Martchan ／ Shutterstock（シャッターストック）

P26：syrotkin ／ Shutterstock（シャッターストック）

P28：valentize ／ Shutterstock（シャッターストック）

P29：Iakov Filimonov ／ Shutterstock（シャッターストック）

P30：Taromon ／ Shutterstock（シャッターストック）

P32：Jose Ignacio Soto ／ Shutterstock（シャッターストック）

P33：ventdusud ／ Shutterstock（シャッターストック）

P34：Alexander Demyanenko ／ Shutterstock（シャッターストック）

P37：FreeProd33 ／ Shutterstock（シャッターストック）

P38：cwales ／ Shutterstock（シャッターストック）

P40：Marcin Kurek ／ Shutterstock（シャッターストック）

P41：slava17 ／ Shutterstock（シャッターストック）

P42：Richard Semik ／ Shutterstock（シャッターストック）

P44：Boris Stroujko ／ Shutterstock（シャッターストック）

P45：photosimysia ／ iStock（アイストック）

P46：Luciano Mortula - LGM ／ Shutterstock（シャッターストック）

P48 上：Southtownboy Studio ／ Shutterstock（シャッターストック）
　　　下：Sergii Zinko ／ Shutterstock（シャッターストック）

P49：Massimo Santi ／ Shutterstock（シャッターストック）

P50：Netfalls Remy Musser ／ Shutterstock（シャッターストック）

P52 上：ワインの教科書
　　　下：leoks ／ Shutterstock（シャッターストック）

P53：Leonid Andronov ／ Shutterstock（シャッターストック）

P54：proslgn ／ Shutterstock（シャッターストック）

P56：Viacheslav Lopatin ／ Shutterstock（シャッターストック）

P57：DyziO ／ Shutterstock（シャッターストック）

P58：Iryna Savina ／ Shutterstock（シャッターストック）

P60：ワインの教科書

P61 上下：andre quinou ／ Shutterstock（シャッターストック）

P62 上下：Gaelfphoto ／ Shutterstock（シャッターストック）

P64：Gaelfphoto ／ Shutterstock（シャッターストック）

P65：Gaelfphoto ／ Shutterstock（シャッターストック）

P66：LightField Studios ／ Shutterstock（シャッターストック）

P68：S.Borisov ／ Shutterstock（シャッターストック）

P71：jovannig ／ 123RF

P72：Davide F ／ Shutterstock（シャッターストック）

P74：Rostislav Glinsky ／ 123RF

P75 上：ventdusud ／ Shutterstock（シャッターストック）
　　　下：ALESSANDRO GIAMELLO ／ Shutterstock（シャッターストック）

P76：Urs Hauenstein ／ Shutterstock（シャッターストック）

世界でいちばん素敵な

ワインの教室

2020年4月1日　第1刷発行

定価(本体1,500円+税)

監修	前場亮(株式会社ワインブックス代表取締役)	印刷・製本	図書印刷株式会社
写真	Shutterstock	発行	株式会社三才ブックス
	123RF		〒101-0041
	xflo		東京都千代田区神田須田町2-6-5
	iStock		OS'85ビル3F
装丁	公平恵美		TEL：03-3255-7995
デザイン	小池那緒子(ナイスク)		FAX：03-5298-3520
文	伊大知崇之		https://www.sansaibooks.co.jp/
協力	ナイスク(http://naisg.com)	facebook	
	松尾里央		https://www.facebook.com/yozora.kyoshitsu/
	高作真紀	Twitter	@hoshi_kyoshitsu
	尾崎惇太	Instagram	@suteki_na_kyoshitsu
	須田優奈		
発行人	塩見正孝		
編集人	神浦高志		
販売営業	小川仙丈		
	中村崇		
	神浦絢子